全国技工院校数控加工类专业通用（中级技能层级）

数控车床编程与操作（第三版）

——广数 GSK980TDc 车床数控系统

习题册

陈何生　主编

中国劳动社会保障出版社

简介

本习题册是《数控车床编程与操作（第三版）——广数 GSK980TDc 车床数控系统》的配套用书。本习题册紧扣教学要求，按照教材章节顺序编排，知识点分布均衡，题型丰富多样，难易配置适当，有助于学生复习巩固所学知识。

本习题册由陈何生担任主编，黄景穗、李壮、洪凤铃、冯良允、梁杰、刘平德、麦荣敏、许伟辉参加编写。

图书在版编目(CIP)数据

数控车床编程与操作（第三版 广数 GSK980TDc 车床数控系统）习题册/陈何生主编. -- 北京：中国劳动社会保障出版社，2019

全国技工院校数控加工类专业通用. 中级技能层级

ISBN 978-7-5167-4001-9

Ⅰ. ①数… Ⅱ. ①陈… Ⅲ. ①数控机床-车床-程序设计-技工学校-习题集②数控机床-车床-操作-技工学校-习题集 Ⅳ. ①TG519. 1

中国版本图书馆 CIP 数据核字(2019)第 129998 号

中国劳动社会保障出版社出版发行

（北京市惠新东街 1 号 邮政编码：100029）

*

三河市潮河印业有限公司印刷装订 新华书店经销

787 毫米×1092 毫米 16 开本 5 印张 114 千字

2019 年 7 月第 1 版 2025 年 12 月第 8 次印刷

定价：9.00 元

营销中心电话：400-606-6496

出版社网址：http://www.class.com.cn

http://jg.class.com.cn

目　录

第一部分　入　门　篇

课题一　入门基础概述

一、填空题（将正确答案填写在横线上）

1. 数字控制技术是用________进行控制的______技术，简称为______。

2. 数控机床的基本组成包括________、________、________、________、________及________。

3. 数控机床的运行处于不断地______、______、______等控制过程中，从而保证______和______之间相对位置的准确性。

4. 数控车床按车床主轴位置，可分为______数控车床、______数控车床；按加工零件的基本类型，可分为______数控车床、______数控车床；按数控系统的功能，可分为______数控车床、______数控车床、车削中心和______车床。

5. 全功能型数控车床一般采用_______或_______制系统，具有_______、_______和_______等特点。

6. 车削中心是以全功能型数控车床为主体，并配置________、________、________、________和________等，实现多工序复合加工的机床。

7. 柔性加工单元实际上是由_______、_______等构成的。

8. 产品的生产时间主要包括_______时间和_______时间。

二、选择题（将正确答案的序号填写在括号内）

1. 现代数控系统都是计算机数控系统，简称为（　　）。
   A. ISO　　B. EIA　　C. NC　　D. CNC

2. 经济型数控车床一般采用（　　）驱动，形成开环伺服系统。
   A. 交流伺服电动机　　B. 直流伺服电动机
   C. 步进电动机　　D. 数控系统

3. GSK980TDc 数控系统的插补精度可达到（　　）mm。
   A. 0.01　　B. 0.001　　C. 0.000 1　　D. 0.1

4. GSK980TDc 数控系统是在（　　）基础上改进设计的新产品。
   A. GSK980TA　　B. GSK980TD
   C. GSK980TDb　　D. GSK980TDc

5. 下列关于安全操作技术规程的说法中，错误的是（　　）。
   A. 按规定穿戴好劳保用品

B. 不准穿高跟鞋、拖鞋上岗，不允许戴手套和围巾进行操作

C. 装拆工件时，卡盘扳手应随手放下，不得留放在插孔上，避免启动车床时飞出而造成伤人及设备事故

D. 在数控车削过程中，不允许关门操作，以便观察加工情况

三、判断题（正确的在括号内打“√”，错误的在括号内打“×”）

1. 数控机床是在普通机床的基础上将普通电气装置更换成 CNC 控制装置。（　　）

2. 经济型数控车床一般采用步进电动机驱动的伺服系统。（　　）

3. 在数控车床加工中可以用手清除切屑。（　　）

4. 操作数控系统时，对各按键及开关操作不能用力过猛、过大，应轻触、慎用，不允许随意离开生产岗位。（　　）

5. 数控车床操作中，不准穿高跟鞋或拖鞋操作，但允许戴手套操作。（　　）

6. 操作者衣着整洁，工作时必须穿戴好工作服及手套等。（　　）

四、简答题

1. 简述数控机床的加工原理。

2. 简述数控车床的特点。

3. 数控车床的安全操作规程有哪些？

课题二　面 板 操 作

一、填空题（将正确答案填写在横线上）

1. GSK980TDc 车床数控系统采用集成式操作面板，面板划分为________、________、________、________、________。

2. 进入位置界面集有__________、__________、__________、__________四个页面，可通过__________键查看。

3. 输入键用于________、________等数据输入的确定。

4. 复位键用于____________、____________、____________等。

5. 进入程序界面集后，程序界面集有____________、____________、____________、____________四个页面。

6. 在绝对坐标显示页面中，F 值上半部分为__________速度，下半部分为__________速度。

7. 在综合位置页面中，同时显示________坐标、________坐标、________坐标、余移动量（余移动量只在自动及录入方式下显示）。

8. 在坐标 & 程序显示页面中，同时显示当前位置的__________坐标、__________坐标及__________。在程序运行中，显示的程序段动态刷新，光标位于当前运行的程序段。

9. GSK980TDc 系统中共有____________、__________、__________、____________、____________、____________、____________、____________八种操作方式。

10. 手轮进给方向由________________决定。一般情况下，手轮______时针为正向进给，______时针为负向进给。

11. 录入方式主要是通过__________面板上输入一个__________的指令，并可以执行该程序段。

12. 在自动方式下空运行检查程序时，单击机床面板上的__________键、__________键、__________键、__________键，然后按__________键启动。

13. 在手脉试切方式下，可以通过控制程序的__________，即可简单、方便地检查程序的错误。

14. 执行程序回零后返回的位置是根据________与________的相对位置用__________设置的绝对坐标。

15. 机床零点由安装在机床上的__________________或__________________决定，通常______________或________________安装在各轴正方向的________________。

二、选择题（将正确答案的序号填写在括号内）

1. 设置系统参数 NO. 001 的 Bit3 位为 0，按手轮键进入（　　）。

A. 单步方式　　　　B. 单取方式

C. 手轮方式　　　　D. 快速进给方式

2. 手动进给倍率0～150%共有（　　）级实时修调。

A. 12　　B. 14　　C. 15　　D. 16

3. 主轴倍率50%～120%共有（　　）级实时修调。

A. 7　　B. 8　　C. 9　　D. 12

4. 在LCD/MDI面板的功能键中，显示机床当前位置的键是（　　）。

A. POS　　B. PRGRM　　C. OFSET　　D. SET

5. 数控车床操作时，每启动一次，只进给一个设定单位的控制称为（　　）。

A. 单步进给　　B. 点动进给　　C. 单段操作　　D. 手轮进给

6. 数控车床工作过程中，当发生任何异常现象需要紧急处理时应启动（　　）。

A. 程序停止功能　　B. 暂停功能　　C. 急停功能　　D. 复位功能

7. 在"机床锁定"方式下进行自动运行，（　　）功能被锁定。

A. 进给　　B. 刀架转位　　C. 主轴　　D. 主轴和进给

8. MDI运转时，可以（　　）。

A. 通过操作面板输入一段指令的程序段并执行该程序段

B. 完整地执行当前程序号和程序段

C. 按手动键操作机床

D. 通过操作面板输入多段指令的程序群并执行该程序群

9. 在数控车床的操作面板上，进给保持按键的功能是（　　）。

A. 保持原进给速度继续执行

B. 进给停止，再次按启动开关后机床将继续保持原进给速度加工

C. 进给停止，不再继续加工

D. 进给停止，主轴停止，按循环启动开关后机床继续加工

10. 手工输入数据程序时，必须最先输入（　　）。

A. 程序段号　　B. 刀具号　　C. 程序名　　D. G代码

三、判断题（正确的在括号内打"√"，错误的在括号内打"×"）

1. 数控车床中MDI是机床诊断智能化的英文缩写。（　　）

2. 数控车床在手动和自动运行中，一旦发现异常情况，应立即使用紧急停止按钮。（　　）

3. 相对坐标页面显示的U、W坐标值为当前位置相对于参考点的坐标，U、W坐标不可以清零。（　　）

4. 在编辑操作方式下程序内容显示页面中，按复位键，光标回到程序开始处。（　　）

5. 在编辑操作方式下程序内容显示页面中，可以通过转换键进入查找状态，并输入查找的字符，用向上或向下键查找指定的字符。（　　）

6. 在编辑操作方式下键入0～999，按删除键即可删除全部程序。（　　）

7. 如果数控机床未安装机床零点，不得使用机床回零操作。（　　）

8. 在编辑修改程序状态下，每输入一个字符后，当前坐标处字符被修改为输入的字符，且光标位置保留不变。（　　）

9. 在编写完加工程序后，可以使用手脉（手摇脉冲发生器）试切功能检查程序的运行轨迹。 （　　）

10. 进行回程序零点操作后，不改变当前的刀具偏置状态，如有刀具偏置则回到的位置是用 G50 设定的位置（含有刀具偏置的位置）。 （　　）

四、简答题

1. 简述倍率修调的作用和意义。

2. 简述软功能键的作用。

3. 什么叫 MDI 操作？用 MDI 操作方式能否进行切削加工？

4. 控制面板上手动方式开关所控制的增量进给（单步进给）和手动连续进给（点动）有什么区别？

五、实训题

将下列程序输入到数控车床上并进行校验，将完成情况分别填入表 2—1、表 2—2 中。

```
O0010;
G00 X80 Z80;
T0100 S500 M03;
G00 X20.3 Z2;
G01 X20.3 Z-30 F80;
G00 X22 Z-30;
G00 X22 Z2;
```

```
G00 X16 Z2;
G01 X16 Z-15 F80;
X22 Z-15;
G00 X22 Z2;
G00 X12.3 Z2;
G01 Z-15 F80;
G01 X22 Z-15;
G00 X22 Z2;
G00 X12 Z2;
G01 X12 Z-15 F60;
G01 X20 Z-15;
G01 X20 Z-30;
G00 X80 Z80;
M05;
M30;
```

表 2—1　　评价标准表

考核项目	配分	评分标准	得分
操作模式选择正确	20	每错一处扣 5 分	
程序输入正确	20	每错一处扣 5 分	
程序完整，无遗漏	20	每遗漏一处扣 5 分	
程序与程序段格式正确	20	每错一处扣 5 分	
程序检索、校验正确	20	每误操作一次扣 5 分	
总　　分	100		

表 2—2　　输入程序过程中出现的问题、产生原因及处理措施

出现的问题	产生原因	处理措施

课题三　编程基础知识

一、填空题（将正确答案填写在横线上）

1．数控机床的 Z 轴一般与____________或平行，正方向以____________工件方向为准。

2．标准中统一规定：$+X$ 表示__________________________为 X 轴正方向。

3．__________是加工程序运行的起点位置，即编程时设计的__________位置，也称为__________。

4．绝对坐标是各点坐标参数以到____________的距离作为参数值，用 X、Z 表示。

5．相对坐标（U，W）是指某点的坐标参数以到________的距离作为参数值，即指从______________到______________的距离作为参数值。

6．数控程序编制中，尺寸系统有绝对值编程、________、________编程和________编程。

7．________坐标是在同一个程序段中，________坐标与________坐标同时使用，即 X、W 或 U、Z。

8．在 GSK980TDc 系统中 X 坐标值默认为________值。

9．程序中的________指令是一种连续________的指令。

10．一个完整的程序由________、__________和__________三部分组成。

11．________是由字母 O 和________位数字组成，通常位于程序的________。

12．进给速度是刀具向工件进给的相对速度，有两种单位，即________和________，可以分别用________和________指令来指定。

二、选择题（将正确答案的序号填写在括号内）

1．数控编程人员在数控编程和加工时使用的坐标系是（　　）。

A．右手直角笛卡儿坐标系　　B．机床坐标系

C．工件坐标系　　D．直角坐标系

2．下列程序段中，（　　）为相对坐标编程。

A．G00 X50 Z－120；

B．G01 X80 W－30 F100；

C．G03 U10 W－5 R5 F100；

3．（　　）是编程人员在编写程序时在工件上建立的。

A．工件坐标系　　B．机床坐标系　　C．编程零点　　D．刀架相关点

4．有关程序结构，下面叙述正确的是（　　）。

A．程序由程序号、指令和地址符组成　　B．地址符由指令和字母数字组成

C．程序段由顺序号、指令和 EOB 组成　　D．指令由地址符和 EOB 组成

5．准备功能又称为（　　）功能。

A．S　　B．T　　C．F　　D．G

6．辅助功能 M30 指令的功能是（　　）。

A. 主轴正转　　B. 程序结束　　C. 主轴反转　　D. 切削液打开

7. 在国标中，M00 指令的功能是（　　）。

A. 程序停止　　B. 程序结束　　C. 计划停止　　D. 没有这个指令

8. 刀具功能 T 的四位数据规定为（　　）。

A. 前两位为刀具位置补偿，后两位为刀具半径补偿

B. 前两位为刀尖圆弧半径补偿，后两位为刀具编码号

C. 前两位为刀具编码号，后两位为刀具位置补偿

D. 前两位为刀具编码号，后两位为刀具位置补偿，同时为刀尖半径补偿

9. 下列属于非模态指令的是（　　）。

A. G00、G99　　B. G02、G03　　C. G04、G70　　D. G41、G42

10. 在 GSK980TDc 系统中坐标系的设定指令为（　　）。

A. G00　　B. G98　　C. G04　　D. G50

11. “G50 X __ Z __;” 中的 X 和 Z 后面的尺寸是起刀点相对于（　　）的位置。

A. 机械原点　　B. 参考点　　C. 加工原点　　D. 过渡点

12. 国际标准化组织的英文缩写是（　　）。

A. EIA　　B. ISO　　C. IOS　　D. EAI

三、判断题（正确的在括号内打“√”，错误的在括号内打“×”）

1. 对于两轴联动的数控车床，坐标轴只有 X 轴和 Y 轴。（　　）

2. X 轴的正方向是朝上建立的，其数控车床的刀架位于机床内侧，称为前置刀架。（　　）

3. 为了便于编程，工件原点可以任意设置。（　　）

4. 绝对值编程和增量值编程不能在同一程序中混合使用。（　　）

5. M02 表示程序运行结束，光标自动返回程序的第一段。（　　）

6. 辅助功能 M99 表示调用子程序。（　　）

7. 主轴功能 S1000 表示主轴转速为 1 000 r/min。（　　）

8. 在实际加工中，为了节省编程的时间，程序段号可以省略不写。（　　）

9. G 代码中的模态指令一旦被执行则一直有效，直至被同组指令注销。（　　）

10. 每分钟进给即刀具每分钟走的距离，与车床转速有关，其进给速度随主轴转速的变化而变化。（　　）

11. 数控车床加工过程中可以根据需要改变主轴转速和进给速度。（　　）

12. 数控车床的特点是 Z 轴进给 1 mm，零件的直径减小 2 mm。（　　）

四、简答题

1. 简述数控机床坐标系确定的原则。

2. 简述 G00 指令的走刀路线。

3. 简述字地址程序段的构成与格式。

五、分析题

1. 根据零件的图形（见图 3—1），在表 3—1 中写出各点的绝对坐标值和增量坐标值。

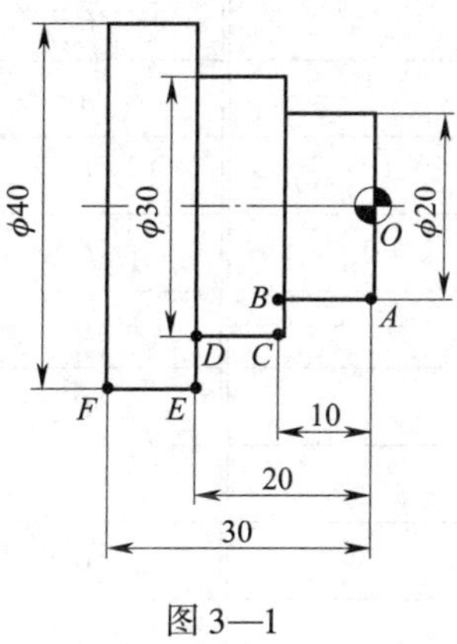

图 3—1

表 3—1

绝对坐标值			增量坐标值		
坐标点	*X* 坐标	*Z* 坐标	坐标点	*X* 坐标	*Z* 坐标
O			*O*		
A			*A*		
B			*B*		
C			*C*		
D			*D*		
E			*E*		
F			*F*		

2．根据零件的图形（见图 3—2），在表 3—2 中写出各点的绝对坐标值和增量坐标值。

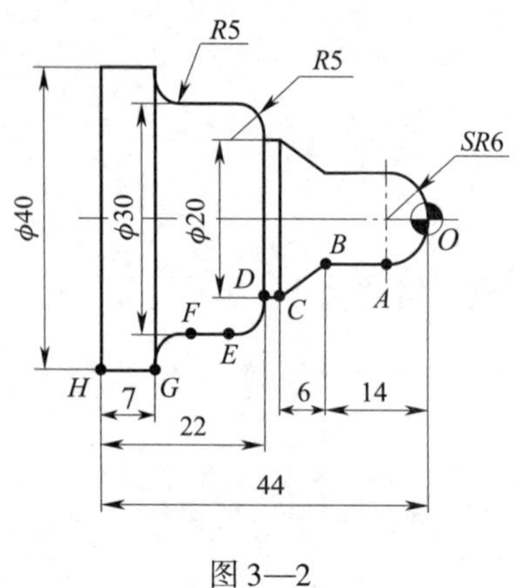

图 3—2

表 3—2

绝对坐标值			增量坐标值		
坐标点	X 坐标	Z 坐标	坐标点	X 坐标	Z 坐标
O			O		
A			A		
B			B		
C			C		
D			D		
E			E		
F			F		
G			G		
H			H		

3．根据零件的图形（见图 3—3），在表 3—3 中写出各点的绝对坐标值和增量坐标值。

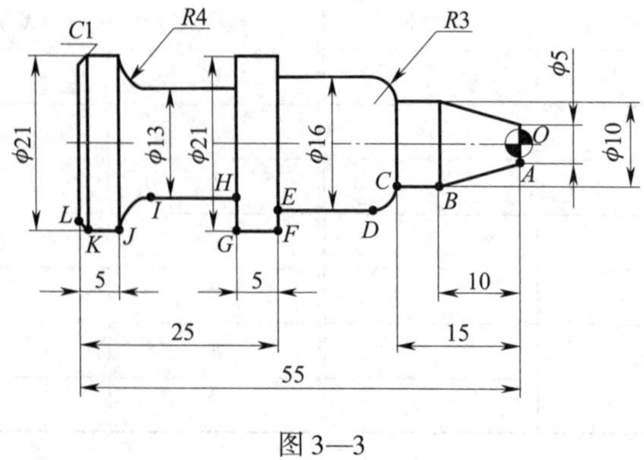

图 3—3

表 3—3

绝对坐标值			增量坐标值		
坐标点	X 坐标	Z 坐标	坐标点	X 坐标	Z 坐标
O			O		
A			A		
B			B		
C			C		
D			D		
E			E		
F			F		
G			G		
H			H		
I			I		
J			J		
K			K		
L			L		

课题四　对 刀 方 法

一、填空题（将正确答案填写在横线上）

1．对刀的好坏将直接影响到加工程序的__________及零件的__________。

2．数控编程描述的是__________的运动轨迹，加工时也是按__________点对刀。

3．数控车床对刀基本方法有__________对刀法、__________对刀法、__________对刀法。

4．__________指令是通过程序来设定工件坐标系的，且只是设定加工坐标系，与当前的刀具位置有关，而__________任何动作。

5．定位对刀法对刀完毕后并没有确定零件的__________。

6．在检查对刀是否正确的过程中，__________可以不带刀补号，__________一定要带刀补号进行检查。

7．对刀完毕后，检查刀具时非基准刀换刀要带__________，否则尺寸差一个________。

二、选择题（将正确答案的序号填写在括号内）

1. 下列指令格式表示撤销补偿的是（　　）。

A. T0202　　B. T0216　　C. T0200　　D. T0003

2. 自动换刀的主要目的是（　　）。

A. 防止换错刀　　B. 提高生产率

C. 省力　　D. 方便生产管理

3. 刀具补偿是（　　）刀具与编程的理想刀具之间的差值。

A. 标准　　B. 非标准　　C. 实际用的　　D. 系列化的

4. 避免刀具定位对刀法损伤工件表面的方法有两种：可在将切去的表面上对刀；在工件与刀具端面之间垫一片薄纸片，避免（　　）与工件直接接触。

A. 主轴　　B. 工作台　　C. 浮动测量工具　　D. 刀具

5. 数控机床的 T 指令是指（　　）。

A. 主轴功能　　B. 辅助功能　　C. 进给功能　　D. 刀具功能

6. 使用光学对刀法最大的优点是（　　）。

A. 对刀精度高　　B. 提高数控车床利用率

C. 自动化程度高　　D. 可用于单件小批量生产

7. 对刀装置就是将刀具的（　　）置于对刀点上，以便建立工件坐标系。

A. 刀位点　　B. 主切削刃　　C. 起刀点　　D. 换刀点

8. 对刀确定的基准点是（　　）。

A. 刀位点　　B. 对刀点　　C. 换刀点　　D. 加工原点

9. 数控车床 X 轴试切对刀时，如果工件直径车一刀后，测得直径值为 20.030 mm，应通过面板输入 X 值为（　　）。

A. 20.030　　B. －20.030

C. 10.015　　D. －10.015

10. 在 Z 轴方向试切对刀时，一般采用在端面车一刀，然后保持刀具 Z 轴坐标不动，在（　　）方式下设置 Z0，即将刀具的位置确认为编程坐标系零点。

A. 回零　　B. 编辑　　C. 录入　　D. 手动

11. 为了防止换刀时刀具与工件发生干涉，所以换刀点的位置应设在（　　）。

A. 机床原点　　B. 工件外部　　C. 工件原点　　D. 对刀点

三、判断题（正确的在括号内打“√”，错误的在括号内打“×”）

1. 数控车床的刀具功能字 T 既指定了刀具数，又指定了刀具号。（　　）

2. 刀具补偿功能包括刀补的建立、刀补的执行和刀补的取消三个阶段。（　　）

3. 对刀点不可选在工件上。（　　）

4. 数控车床的刀具补偿功能有刀尖半径补偿与刀具位置补偿两种。（　　）

5. 起刀点是位于零件轮廓及零件毛坯之外，并距离加工零件切入点较近的刀具位置点，它是程序起点或换刀点。（　　）

6. 如果加工一个轴类零件需用三把不同的车刀，则后两把刀具一定要在第一把刀具对

刀以后进行。（　　）

7. 切断刀选择右刀点为基准，则试切对刀时输入补偿值为刀宽值。（　　）

四、简答题

1. 简述对刀的含义。

2. 定位对刀法与试切对刀法的主要区别是什么？

五、实训题

使用图4—1所示三种刀具，分别在车床上进行试切对刀，并检验刀具对刀准确性，将完成情况填入表4—1、表4—2中。

外圆刀

切断刀

螺纹刀

图4—1

表4—1　　评价标准表

考核项目	配分	评分标准	检测记录	得分
操作模式选择正确	10	每错一处扣5分		
设定工件坐标系	20	每错一处扣5分		
设置补偿量	20	每遗漏一处扣5分		
刀具检查	20	每错一处扣5分		
安全文明操作	10	每误操作一次扣5分		
操作时间	20	共8 min，每超1 min扣2分		
总　　分	100			

表 4—2　　试切对刀过程中出现的误差项目、产生原因及处理措施

误差项目	产生原因	处理措施

第二部分　编　程　篇

课题五　插补功能（G01、G02、G03）

一、填空题（将正确答案填写在横线上）

1. 数控系统常用的两种插补功能是__________和__________。

2. 在国际标准中，G01 指令的含义为____________，G02 指令的含义为__________________，G03 指令的含义为__________________。

3. 直线插补一般用于__________加工，如果用于__________加工，应根据加工余量分层切削。

4. G01 指令可以实现__________切削、__________切削、__________切削等形式的直线插补运动。

5. 圆弧指令中的半径用__________表示。

6. 圆弧插补指令“G03 X __ Z __ R __;”中，X、Z 后的值表示圆弧的____________。

7. 在 GSK980TDc 数控系统中，顺/逆时针圆弧切削指令分别是________、__________。

二、选择题（将正确答案的序号填写在括号内）

1. 圆弧切削用 I、J 表示圆心位置时，是以（　　）表示。

A. 增量值　　B. 绝对值　　C. G80 或 G81　　D. G98 或 G99

2. 下列程序执行后，Z 向实际移动量为（　　）mm。

G01 X30 Z6；

G01 W15；

A. 9　　B. 21　　C. 15　　D. −15

3. 当用 G02/G03 指令对被加工零件进行圆弧编程时，下面关于使用半径方式编程的说法不正确的是（　　）。

A. 整圆编程不采用该方式编程

B. 该方式与使用 I、J、K 效果相同

C. 大于 180°的圆弧，R 取正值

D. R 可取正值也可取负值，但加工轨迹不同

4. 下列 G 指令中，（　　）是非模态指令。

A. G00　　B. G01　　C. G04　　D. G02/G03

5. 关于数控车床圆弧加工的说法正确的是（　　）。

A. G02 是逆时针圆弧插补指令

B. 增量编程时，U、W 为终点相对刀具当前点的距离

C. I、K 和 R 不能同时用于指令的程序段

D. 当圆心角为 90°～180°时，R 取负值

6. “G02 X __ Z __ I __ K __ F __;” 中，I 表示（　　）。

A. X 轴终点坐标

B. X 轴起点坐标

C. 圆弧起点指向圆心的矢量在 X 轴上的分量

D. 圆心指向圆弧起点的矢量在 X 轴上的分量

7. 圆弧插补方向（顺时针和逆时针）的判别与（　　）有关。

A. X 坐标轴　　B. Z 坐标轴

C. 不在圆弧平面内的 Y 坐标轴　　D. 在平面内的坐标轴

8. 在 GSK980TDc 数控系统中，直径/半径编程的状态影响（　　）组字段。

A. F、S　　B. Z、K、L

C. G02、G03 中的 R　　D. X、U、I

9. 以下属于混合编程的程序段是（　　）。

A. G0 X100 Z200 F300;

B. G01 X－10 Z－20 F30;

C. G02 U－10 W－5 R30;

D. G03 X5 W－10 R30 F500;

三、判断题（正确的在括号内打“√”，错误的在括号内打“×”）

1. 顺时针圆弧插补（G02）和逆时针圆弧插补（G03）的判别方向是：沿着不在圆弧平面内的坐标轴正方向向负方向看去，顺时针方向为 G02，逆时针方向为 G03。（　　）

2. G00、G01 指令都能使机床坐标轴准确到位，因此它们都是插补指令。（　　）

3. 圆弧插补用半径编程时，当圆弧所对应的圆心角大于 180°时半径取负值。（　　）

4. G00 和 G01 的运行轨迹一样，只是速度不一样。（　　）

5. 圆弧插补中，整圆的起点和终点相重合，用 R 编程无法定义，所以只能用圆心坐标编程。（　　）

6. X 坐标的圆心坐标符号一般用 K 表示。（　　）

7. 进给圆弧切削时，按圆弧插补指令 G02 或 G03 半径编程时，K 为圆心在 Z 轴方向上相对起点的坐标增量。（　　）

8. 插补运动的实际插补轨迹始终不可能与理想轨迹完全相同。（　　）

9. G03 为后置刀架式数控车床加工中的逆时针圆弧插补指令。（　　）

10. G02、G03 使用 I、K 值，则圆弧可自动过象限。（　　）

11. 程序段“N20 G3 U－20 W30 R10;”不能执行。（　　）

12. 下面左列的程序可以用右列的程序代替。（　　）

N100 G01 X100 Z80;　　N110 G01 X90 Z60;

N100 G01 X100 Z80;　　N110 X90 Z60;

四、简答题

1. 简述直线插补和圆弧插补的定义。

2. 简述 G00 与 G01 指令的主要区别。

五、编程题

1. 用 G00、G01 等指令编写图 5—1 所示零件的精加工程序。

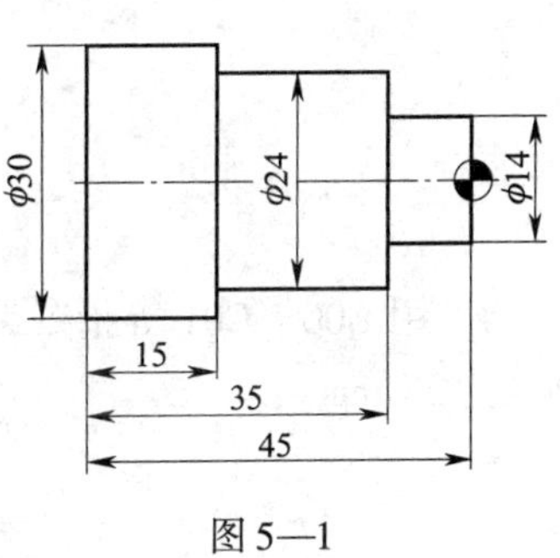

图 5—1

2. 用 G00、G01、G02、G03 等指令编写图 5—2 所示零件的精加工程序。

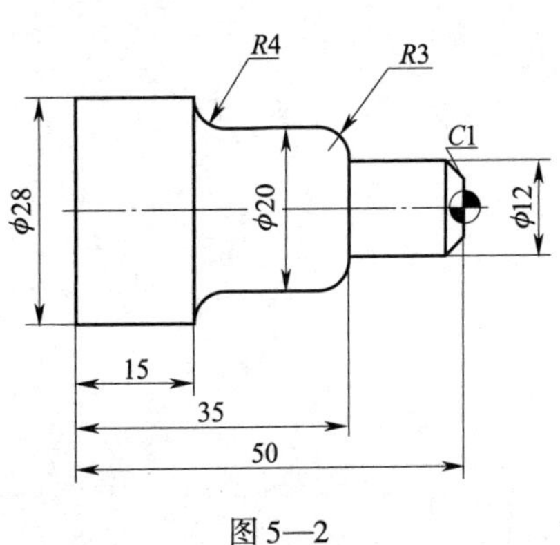

图 5—2

3．用 G00、G01、G02、G03 等指令编写图 5—3 所示零件的精加工程序。

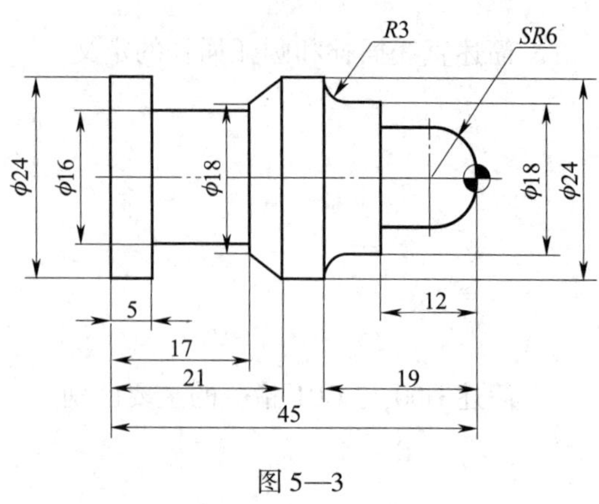

图 5—3

4．用 G00、G01 等指令编写图 5—4 所示零件的粗、精加工程序。材料为 45 钢，毛坯直径为 25 mm。

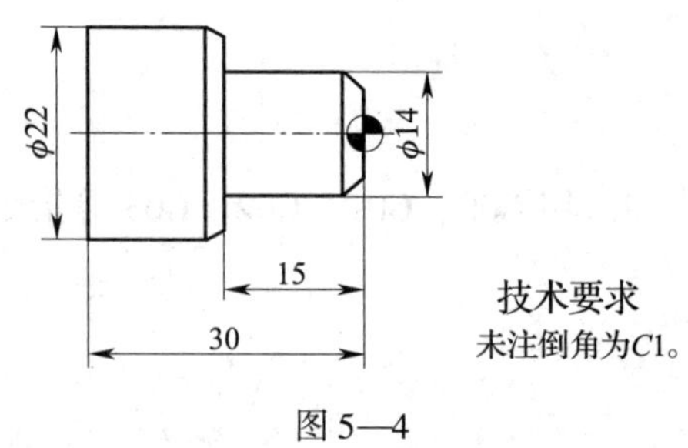

图 5—4

六、分析题

1. 如图 5—5 所示，根据零件图分析加工程序是否正确，指出错误的地方并将其改正(见表 5—1)。

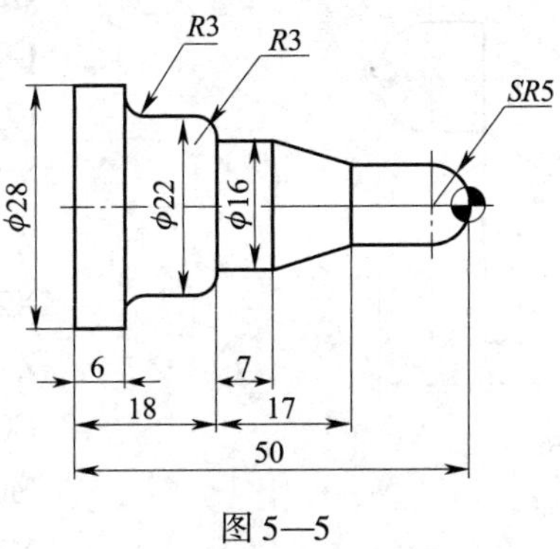

图 5—5

表 5—1

程　　序	错　　误	改　　正
G00 X80 Z80;		
T0010 S500 M30;		
G00 X0 Z2;		
G01 Z0 F60;		
G02 X5 Z－5 R10;		
Z－15;		
X16 Z－25;		
Z－30;		
G02 X22 Z－33 R6;		
Z－41;		
G03 X25 Z－44 R6;		
G01 Z－50;		
G00 X80 Z80;		
M50;		
M02;		

2. 根据加工程序，在零件图（见图 5—6）上标出尺寸。

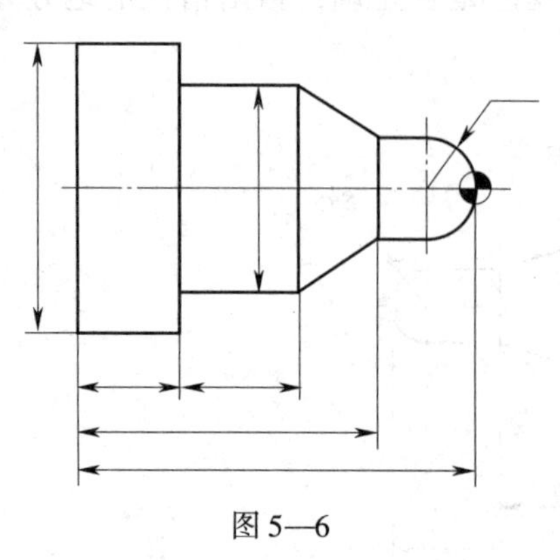

图 5—6

```
G00 X80 Z80;
T0100 S500 M03;
G00 X0 Z2;
G01 Z0;
G03 X10 Z-5 R5;
G01 Z-10;
X20 Z-18;
Z-30;
X28;
Z-40;
G00 X80 Z80;
M05;
M30;
```

课题六　非圆曲线插补功能（G6.2、G6.3、G7.2、G7.3）

一、填空题（将正确答案填写在横线上）

1. 在 GSK980TDc 数控系统中，椭圆插补指令是________和________，抛物线插补指令是________和________。

2. G6.2/G6.3 代码中，参数 A 为________，参数 B 为________，参数 Q 为________。

3. G6.2/G6.3 代码中，参数 A、B 相等时，则作为________加工。

4. G7.2/G7.3 代码中，参数 P 为________，参数 Q 为________。

5. G7.2/G7.3 代码中，参数 P 值最小输入增量为________，Q 值最小输入增量为________。

二、选择题（将正确答案的序号填写在括号内）

1. G6.2/G6.3 代码中，参数 Q 值的单位为（　　）°。

A. 0.1　　B. 0.01　　C. 0.001　　D. 0.0001

2. 公式为 $z=-0.08x^2$ 的抛物线，编写程序时参数 P 值为（　　）。

A. 6.25　　B. 12.5　　C. 6 250　　D. 12 500

3. 在 GSK980TDc 数控系统中，前刀架顺/逆时针椭圆切削指令是（　　）。

A. G6.2/G6.3　　B. G02/G03　　C. G6.3/G6.2　　D. G03/G02

4. G7.2/G7.3 代码中，参数 Q 取值与（　　）有关。

A. *X* 坐标轴　　B. *Z* 坐标轴

C. 不在圆弧平面内的 *Y* 坐标轴　　D. 在平面内的坐标轴

5. 抛物线标准方程 $y^2=2px$ 中的 X、Y 轴相对应车床系统中（　　）轴。

A. X、Z　　B. Z、X　　C. X、Y　　D. Y、Z

三、判断题（正确的在括号内打“√”，错误的在括号内打“×”）

1. G6.2/G6.3 代码编写椭圆起点与终点间的距离大于长轴长，系统会产生报警。（　　）

2. G6.2/G6.3 代码可以加工大于 180°的椭圆。（　　）

3. G6.2/G6.3 代码不可以用于复合循环 G70 ~ G73 中。（　　）

4. G6.2/G6.3 代码中的 Q 值是非模态参数，每次使用都必须指定，省略时默认为 0°，长轴与 Z 轴平行或重合。（　　）

5. G7.2/G7.3 代码编写过程中，参数 P 值不可以为零或省略，否则系统会产生报警。（　　）

6. G7.2/G7.3 代码不可以用于复合循环 G70 ~ G73 中。（　　）

7. G7.2/G7.3 代码中的 Q 值可省略，当省略 Q 值时，则抛物线的对称轴与 Z 轴平行或重合，Q 值不含符号。（　　）

8. G7.2/G7.3 代码中的 P 值可以为零或省略编写。（　　）

四、简答题

1. 简述非圆曲线插补指令代码方向的定义。

2. 简述抛物线插补指令代码中 Q 值的含义及取值方向。

五、编程题

1．运用非圆曲线插补指令编写图 6—1 所示零件的精加工程序。

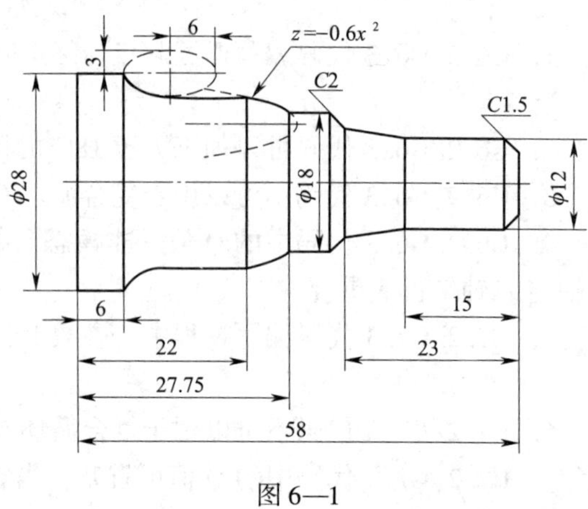

图 6—1

2．运用非圆曲线插补指令编写图 6—2 所示零件的精加工程序。

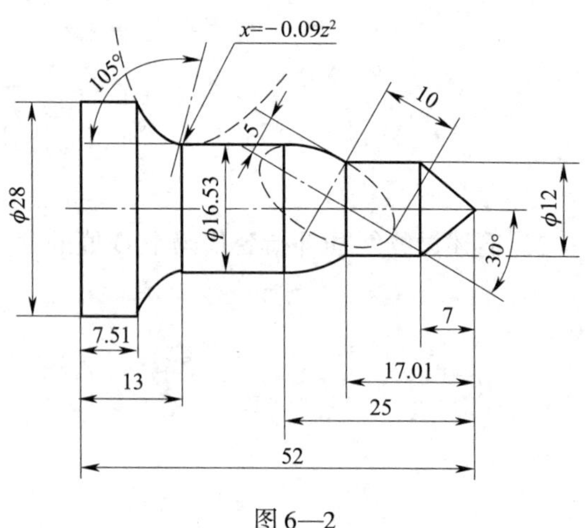

图 6—2

六、分析题

如图 6—3 所示，请根据零件图分析加工程序的正确性，指出错误的地方并改正（见表 6—1）。

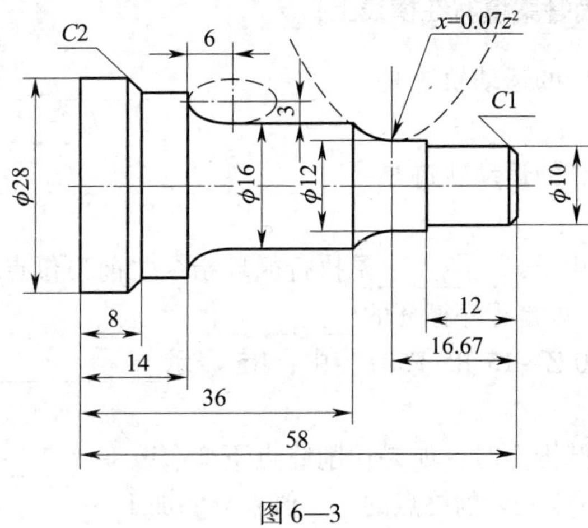

图 6—3

表 6—1

程　　序	错　　误	改　　正
G00 X80 Z80；		
T0010 S500 M03；		
G00 X0 Z2；		
G01 X0 Z0 F60；		
X9 Z0；		
X10 Z－1；		
Z－12；		
X12 Z－12；		
Z－16.67；		
G7.3 X16 Z－22 P3500；		
G01 X16 Z－40；		
G6.3 X22 Z－44 A3 B6；		
G01 X22 Z－44；		
Z－50；		
X24 Z－52；		
Z－58；		
G00 X80 Z80；		
M05；		
M03；		

课题七　固定循环指令（G90、G94）

一、填空题（将正确答案填写在横线上）

1. G90 固定循环指令的运动轨迹是____________、____________、______________、______________。

2. G94 固定循环指令的运动轨迹是____________、____________、______________、______________。

3. 在固定循环指令中，__________是执行循环指令之前刀位点所在的位置，该点既是程序循环的__________，也是程序循环的__________。

4. 程序段“G94 X20 Z－15 R5 F50；”中，R5 表示____。

5. G90 指令粗加工圆锥面时，如果切削终点不变，改变________值来分层加工；如果____、____值不变时，可改变切削终点的____值来分层加工。

6. G94 指令粗加工圆锥面时，如果______________不变，改变 R 值来分层加工；如果__________、__________值不变时，可改变切削终点的 X 值来分层加工。

7. 对于确定 G90 指令循环起点，考虑到快速进刀的__________，*Z* 向应离开加工部位__________mm，在加工外圆表面时，*X* 向等于或大于毛坯外圆直径__________mm；加工内孔时，*X* 向等于或略小于底孔直径__________mm。

二、选择题（将正确答案的序号填写在括号内）

1. 下列指令中属于单一型固定循环指令的是（　　）。
   A. G90　　B. G00　　C. G01　　D. G50
2. 程序段“G90 X52 Z－100 R5 F80；”中，R5 的含义是（　　）。
   A. 进刀量　　B. 圆锥大、小端的直径差
   C. 切削起点与圆锥切削终点直径差的一半　　D. 退刀量
3. 程序段“G94 X30 Z－5 F80；”中，（　　）的含义是循环切削的终点。
   A. X30　　B. X30 Z－5　　C. Z－5　　D. F80
4. 在 GSK980TDc 数控系统中，G94 指令的含义是（　　）。
   A. 绝对坐标　　B. 径向切削循环
   C. 轴向切削循环　　D. 螺纹切削循环
5. 如图 7—1 所示，G90 指令加工圆锥面时，R 值取（　　）。
   A. 11　　B. －11　　C. 11.33　　D. －11.33
6. 如图 7—2 所示，G94 指令加工圆锥面时，R 值取（　　）。
   A. 10　　B. －11　　C. 12.86　　D. －12.86

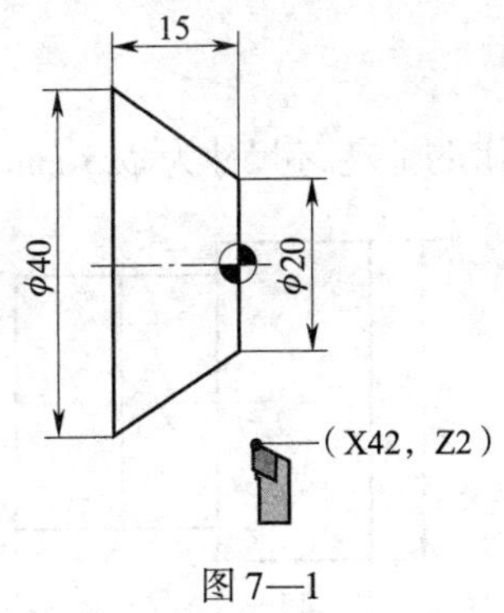

图 7—1

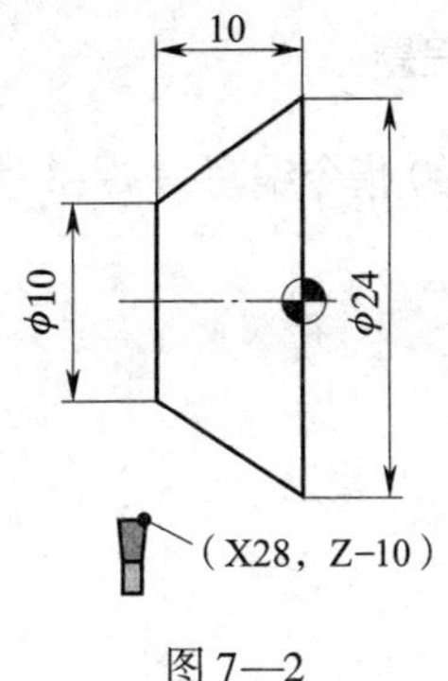

图 7—2

三、判断题（正确的在括号内打“√”，错误的在括号内打“×”）

1. 固定粗车循环方式适用于加工已基本铸造或锻造成形的工件。（ ）
2. 圆锥面的车削一般是通过切削循环指令进行精车完成的。（ ）
3. G90 径向切削循环指令的进刀方向为 *X* 向进刀。（ ）
4. G90 指令在加工外圆柱面时，只要改变 G90 指令中的 X 值就可以进行分层粗加工。（ ）
5. 使用 G90、G94 指令编程可以实现零件粗加工，所以 G90、G94 指令又称为复合循环指令。（ ）

四、简答题

1. 简述单一型固定循环指令 G90 与 G94 的区别。

2. 简述 G90 指令与 G94 指令的适用场合。

五、编程题

1．用 G90 指令编写图 7—3 所示零件的加工程序，不切断。毛坯尺寸为 ϕ25 mm×100 mm。

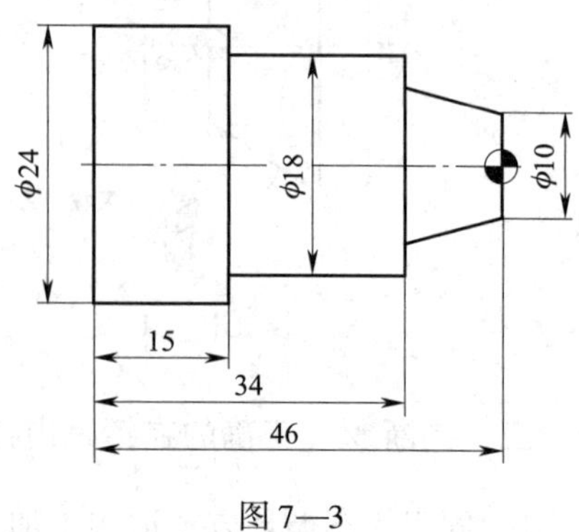

图 7—3

2．用 G90、G94 指令编写图 7—4 所示零件的加工程序，不切断。毛坯尺寸为 ϕ25 mm×70 mm。

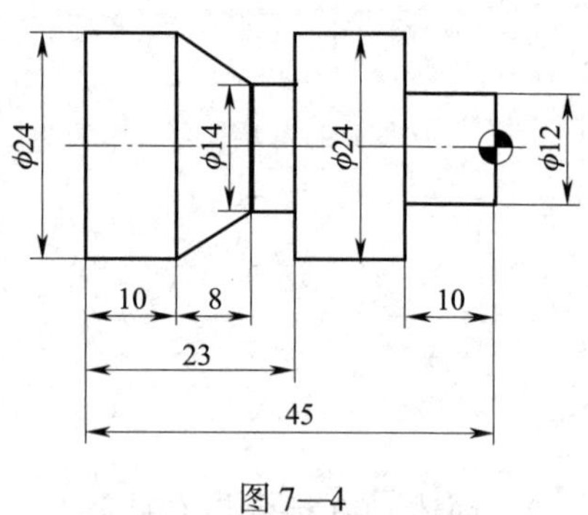

图 7—4

六、分析题

如图 7—5 所示毛坯直径为 25 mm，根据零件图分析加工程序的正确性，指出错误的地方并改正（见表 7—1）。

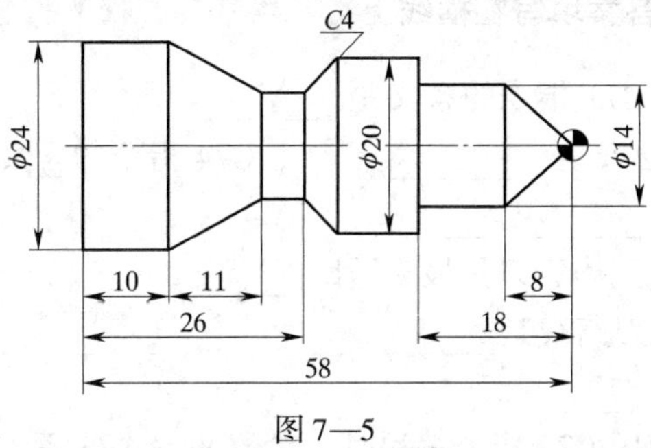

图 7—5

表 7—1

程　　序	错　　误	改　　正
G00 X80 Z80;		
T0100 S500 M03;		
G00 X0 Z2;		
G90 X24 Z-58 F70;		
X20;		
X16;		
X14;		
G00 X16;		
G90 X14 Z-8 R-2 F70;		
R-2;		
R-2;		
R-1;		
G00 X80 Z80;		
T0202;（宽 3 mm，左刀位基准）		
G00 X25 Z-37;		
G94 X12 F50;		
Z-36;		
X12 Z-37 R-2.5;		
R-2.5;		
R-2.5;		
R-2.5;		
R-1;		
G00 X22;		
G94 X12 Z-35 R2.5;		
R2.5;		
G00 X80 Z80;		
T0010 M04;		
M02;		

课题八　多重循环指令（G70～G75）

一、填空题（将正确答案填写在横线上）

1. 多重循环指令中，G71 指令的含义是__________，G72 指令的含义是__________，G73 指令的含义是__________，G74 指令的含义是__________，G75 指令的含义是__________。

2. 多重循环指令加工完毕，刀具最终返回__________。

3. G71 循环指令的走刀路线是__________、__________；G72 循环指令的走刀路线是__________、__________。

4. 采用切断刀并且使用 G72 指令编程时，参数 W（Δd）取值__________于刀宽。

5. 在 GSK980TDc 数控系统中，__________指令适用于成形毛坯的粗车，__________、__________指令适用于非成形毛坯（棒料）的成形粗车。

6. G71 指令“*ns*”程序段只能用________、________代码，如果是类型Ⅱ，必须指定______和______两个轴，当 *Z* 轴不移动时也必须指定。

7. G72 指令“*ns*”程序段只能是不含代码字的______、______代码；G72 指令的精车轨迹（*ns*～*nf* 程序段），*X* 轴、*Z* 轴的尺寸都必须是______。

8. G71 指令中的类型Ⅱ比______多 1 个参数 J，当 J 不输入或者 J 不为 1 时，系统不会沿着__________再运行一次；当 J 为 1 时，系统会沿着__________再运行一次。

9. G71 循环加工轮廓形状，没有__________或__________形式的限制；G73 程序段中“*ns*”程序段只能是__________、__________代码，所指程序段可以向____轴或____轴的任意方向进刀。

10. 加工深孔采用轴向切槽多重循环指令时，G74 程序段中要缺省__________、__________、__________值。

11. G75 程序段 Q 值的含义是____________________。

二、选择题（将正确答案的序号填写在括号内）

1. 下列程序中的 *e* 表示（　　）。

   G71 U(Δd) R(e)；

   G71 P(ns) Q(nf) U(Δu) W(Δw) F(f) S(s) T(t)；

   A. *Z* 轴方向精加工余量　　B. 进刀量

   C. 退刀量　　D. *X* 轴方向精加工余量

2. 下列程序中的 *d* 表示（　　）。

   G73 U(Δi) W(Δk) R(d)；

   G73 P(ns) Q(nf) U(Δu) W(Δw) F(f) S(s) T(t)；

   A. *Z* 轴方向精加工余量　　B. 加工循环次数

   C. *Z* 轴方向粗加工余量　　D. 退刀量

3. 下列程序中的 Δd 表示（　　）。

G71 U(Δd) R(e)；

G71 P(ns) Q(nf) U(Δu) W(Δw) F(f) S(s) T(t)；

A. Z 轴方向精加工余量　　B. X 轴方向精加工余量

C. X 轴方向每次进刀量　　D. Z 轴方向每次进刀量

4. 下面关于指令 G71、G72 的说法，错误的是（　　）。

A. 指令 G71、G72 的选择主要看工件的长径比，长径比小时要用 G71

B. 指令 G71、G72 的刀具安装方式不一样，刀具的主切削刃方向不同

C. 指令 G71 和 G72 的走刀路线不一样

D. 用指令 G73 来加工棒料毛坯不经济

5. 在“G72 P(ns) Q(nf) U(Δu) W(Δw) S500；”程序段中，（　　）表示 X 轴方向上的精加工余量。

A. Δw　　B. Δu　　C. ns　　D. nf

6. 在“G73 P(ns) Q(nf) U(Δu) W(Δw) S500；”程序段中，（　　）表示精加工路径的第一个程序段顺序号。

A. Δw　　B. ns　　C. Δu　　D. nf

7. 程序段“G70 P10 Q20；”中，G70 的含义是（　　）加工循环指令。

A. 螺纹　　B. 外圆　　C. 端面　　D. 精

8. 粗加工成形毛坯时，用（　　）指令可简化编程。

A. G70　　B. G71　　C. G72　　D. G73

9. 在“G74 Z－120 Q20 F0.3；”程序段中，（　　）表示 Z 轴方向上的间断走刀长度。

A. 0.3　　B. 20　　C. －120　　D. 74

10. 多槽加工时，用（　　）指令可简化编程。

A. G73　　B. G74　　C. G75　　D. G76

11. 在“G75 X(U) Z(W) R(Δd) P(Δi) Q(Δk)；”程序段中，（　　）表示每次切削至 X 轴终点后，Z 轴的退刀量。

A. k　　B. Δd　　C. Z　　D. R

12. 程序段“G72 P0035 Q0060 U4.0 W2.0 S500；”中，W2.0 的含义是（　　）。

A. Z 轴方向的精加工余量　　B. X 轴方向的精加工余量

C. X 轴方向的背吃刀量　　D. Z 轴方向的退刀量

13. 程序段“G73 P0035 Q0060 U1.0 W0.5 F80；”中，W0.5 的含义是（　　）。

A. Z 轴方向的精加工余量　　B. X 轴方向的精加工余量

C. X 轴方向的背吃刀量　　D. Z 轴方向的退刀量

三、判断题（正确的在括号内打“√”，错误的在括号内打“×”）

1. 程序段“G70 P10 Q20；”中，P10 的含义是精加工循环的最后一个程序段的段号。（　　）

2. G71 指令“ns”程序段是 G01 时，表示以快速移动速度进刀。（　　）

3. G72 是径向切削循环，它的循环走刀是与 X 轴平行运动的，所以在设置 P(ns) 起点

定位值时必须是 Z 轴方向值。（　）

4. G74 指令的切削方式为 X 轴方向进刀，Z 轴方向切削。（　）

5. 在工件端面加工环形槽或中心深孔时，用 G75 指令轴向断续切削，起到断屑及排屑的作用。（　）

6. G75 程序段中缺省 Z、Q、R(Δd) 为切槽加工。（　）

7. G74 指令适用于钻孔加工。（　）

8. G74、G75 指令加工完毕后刀具返回到刀具定位起点处。（　）

9. 对于 G71 指令类型Ⅱ，精车余量只能指定 X 方向，如果指定了 Z 方向上的精车余量，则会使整个加工轨迹产生偏移。（　）

10. G71 指令中类型Ⅱ沿 X 轴的外形轮廓不必单调递增或单调递减，并且最多可以有 20 个凹槽。（　）

四、简答题

1. 简述复合循环 G73 指令在一般情况下，适合加工的零件类型及参数的含义。

G73 指令格式：G73 U（Δi） W（Δk） R（d）；

G73 P（ns） Q（nf） X（Δu） Z（Δw） F；

2. 简述 G71、G72、G73 指令应用场合的区别。

五、编程题

1. 如图 8—1 所示，毛坯尺寸为 ϕ22 mm×90 mm，用 G70、G71 指令编写加工程序。

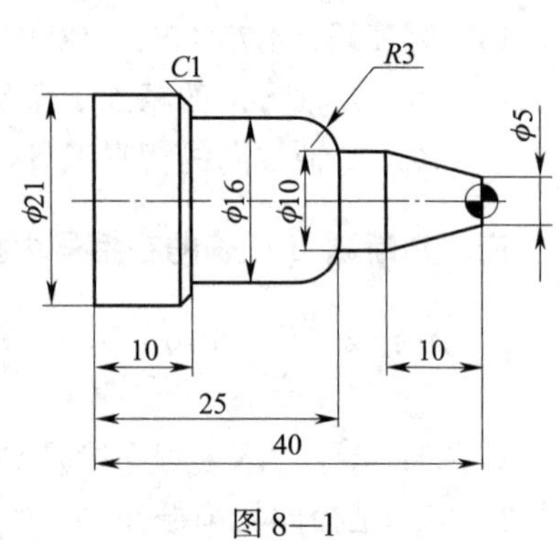

图 8—1

2．如图 8—2 所示，毛坯尺寸为 ϕ25 mm × 100 mm，用 G70、G90、G72 指令编写加工程序。

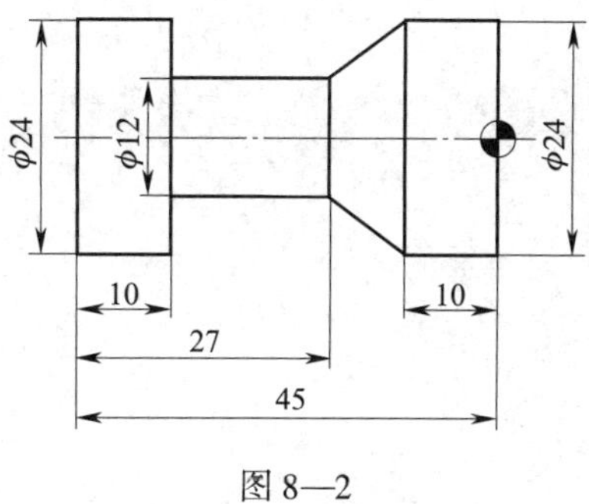

图 8—2

3．如图 8—3 所示，用 G73 指令编程并加工。铸件毛坯余量为 5 mm（*X* 轴方向半径均匀）。

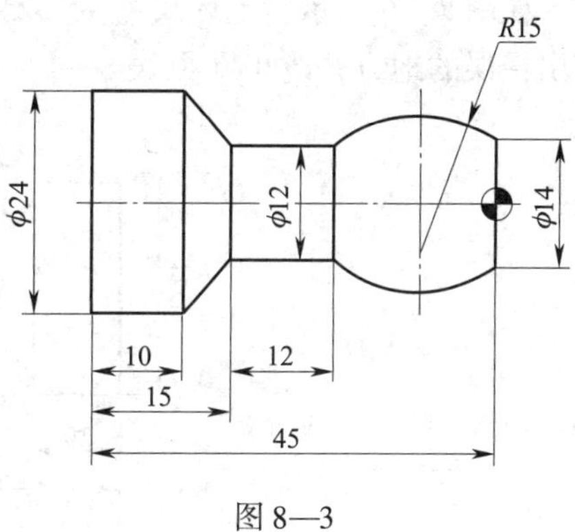

图 8—3

4．如图 8—4 所示，已知工件已钻好 ϕ14 mm 的内孔，用 G74 指令编程进行扩孔加工。

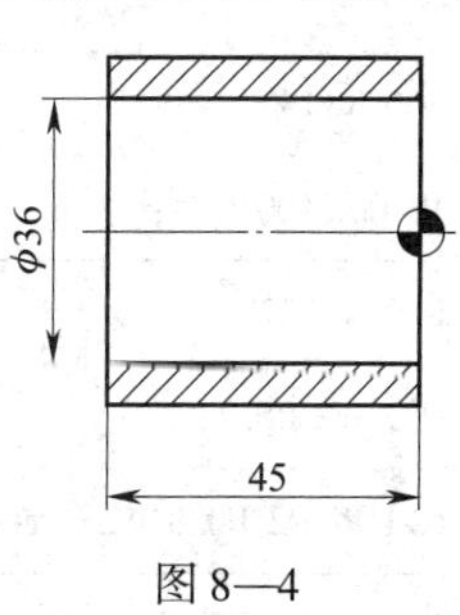

图 8—4

5. 如图 8—5 所示，毛坯尺寸为 $\phi25$ mm × 100 mm，用 G90、G75 指令编写加工程序。

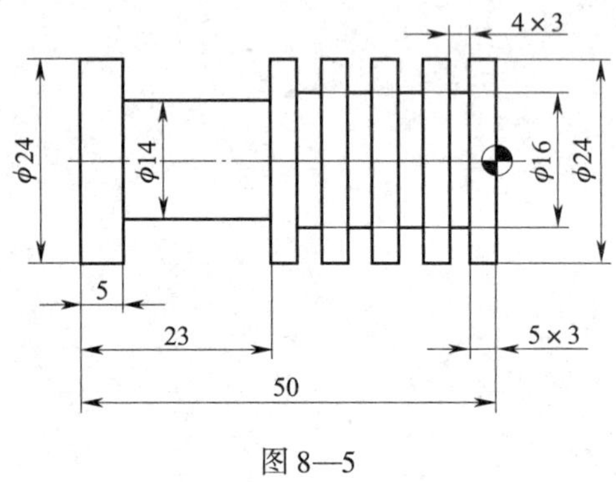

图 8—5

六、分析题

如图 8—6 所示，毛坯尺寸为 $\phi25$ mm × 100 mm，根据零件图分析加工程序的正确性，指出错误的地方并改正（见表 8—1）。

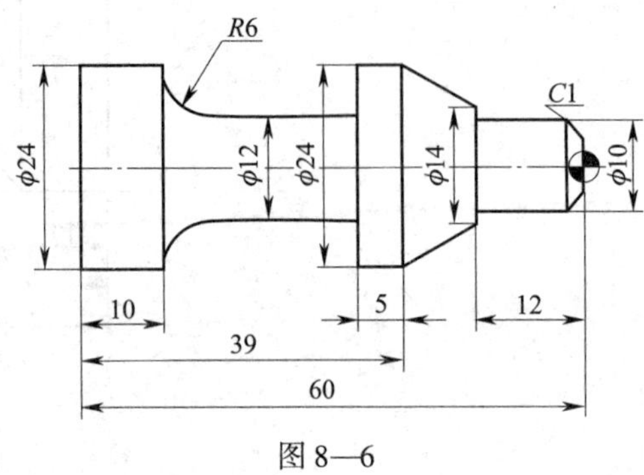

图 8—6

表 8—1

程　　序	错　　误	改　　正
O0007；		
G00 X80 Z80；		
T0100 S500 M03；		
G00 X25 Z2；		
G71 W2 R0.2；		
G71 P1 Q2 U0.3 W0.1 F80；		
N1 G00 X8 Z2；		

续表

程　序	错　误	改　正
G01 Z0 F60；		
X10 Z－1；		
Z－12；		
X14；		
X24 Z－21；		
Z－64；		
G70 P1 Q2；		
T0200；（3 mm 切槽刀，左刀位点）		
G00 X25 Z－26；		
G94 X12 F40；		
G72 U2 R0.2；		
G72 P3 Q4 U0.3 W0.1 F60；		
G00 X25 Z－50；		
G01 X24 F50；		
G02 X12 Z－44 R6；		
N4 G01 Z－26；		
G70 P3 Q4；		
G00 Z－60；		
G94 X0 F40；		
G00 X80 Z80；		
T0100 M05；		
M30；		

课题九　螺纹切削指令（G32、G92、G76）

一、填空题（将正确答案填写在横线上）

1. G32 指令运动轨迹近似于________指令，其切削前的________和切削后的________都要通过其他的程序段来实现。

2. G32 指令中，当 X 值省略时为________切削，当 Z 值省略时为________切削，当 X、Z 值均不省略时为________切削。

3. G92 指令运动轨迹的四个基本动作是：__________、__________、__________、__________；其循环动作与________指令相似。

4. G92 指令程序段中 R 值的含义是________________________________。

5. G92 指令切削螺纹主要是通过改变 G92 指令中的________值来实现分层加工的，分层的大小应根据________、________和________来确定。

6. G76 指令可加工带螺纹退尾的________螺纹和________螺纹，可实现____________切削，吃刀量逐渐减少，有利于保护________，提高________。

二、选择题（将正确答案的序号填写在括号内）

1. GSK980TDc 数控系统中 G32 指令代表（　　）。

A. 快速运动　　　　B. 直线插补

C. 程序停止并返回开头　　　　D. 螺纹切削

2. G92 指令程序段中的 L 表示（　　）。

A. 螺纹加工长度　　B. 导程　　C. 螺纹头数　　D. 螺距

3. 下列程序段中的 Δd_{min} 表示（　　）。

G76 P(m)(r)(a) Q(Δd_{min}) R(d)；

G76 X(U) Z(W) R(i) P(k) Q(Δd) F(I)；

A. 精加工余量　　　　B. 螺纹粗车时的最大切削量

C. 退刀量　　　　D. 螺纹粗车时的最小切削量

4. 下列程序段中 R（i）表示（　　）。

G76 P(m)(r)(a) Q(Δd_{min}) R(d)；

G76 X(U) Z(W) R(i)P(k) Q(Δd) F(I)；

A. 螺纹退尾长度　　　　B. 螺纹锥度

C. 螺纹牙高　　　　D. 螺纹粗车时的最小切削量

5. 下列程序段中 a 表示（　　）。

G76 P(m)(r)(a) Q(Δd_{min}) R(d)；

G76 X(U) Z(W) R(i) P(k) Q(Δd) F(I)；

A. 螺纹退尾长度　　　　B. 精加工重复的次数

C. 相邻两牙螺纹的夹角　　　　D. 螺纹精车的余量

三、判断题（正确的在括号内打“√”，错误的在括号内打“×”）

1. G92 螺纹单一固定循环指令只能加工圆柱螺纹，而不能加工锥度螺纹。（　　）

2. G92 螺纹单一固定循环指令中的 F 值表示螺距。（　　）

3. 在 GSK980TDc 数控系统中，程序段“G32 Z－40 F2;”中 2 表示螺纹的导程。（　　）

4. 螺纹加工指令执行期间，可以进行主轴转速的调整。（　　）

5. 由于 G32 指令编程比较烦琐，因此一般适用于加工端面螺纹和连续螺纹。（　　）

6. G32、G92、G76 螺纹切削指令都可以对端面螺纹进行加工。（　　）

7. G76 指令既可以加工公制螺纹，又可以加工英制螺纹。（　　）

8. 加工多头螺纹时，第二条螺纹的起刀点和第一条螺纹的起刀点相隔一个导程。（　　）

四、简答题

简述 G32 与 G92 指令的主要区别。

五、编程题

1. 如图 9—1 所示，分别用 G32、G92、G76 指令编写圆锥螺纹加工程序，填写在表 9—1 中。

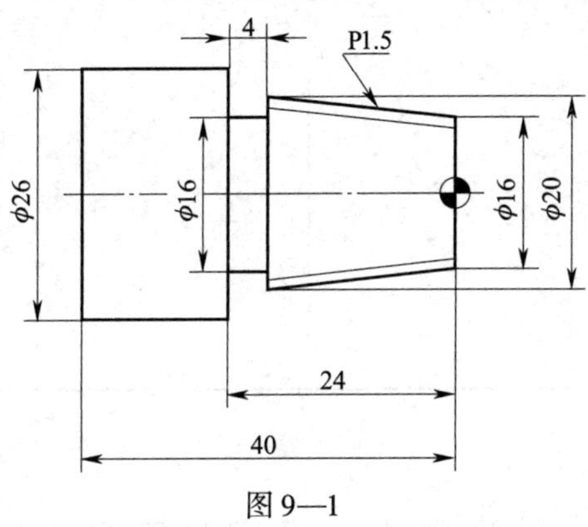

图 9—1

表 9—1

G32 程序	G92 程序	G76 程序

2. 如图 9—2 所示，分别用 G92、G76 指令编写螺纹加工程序，填在表 9—2 中。

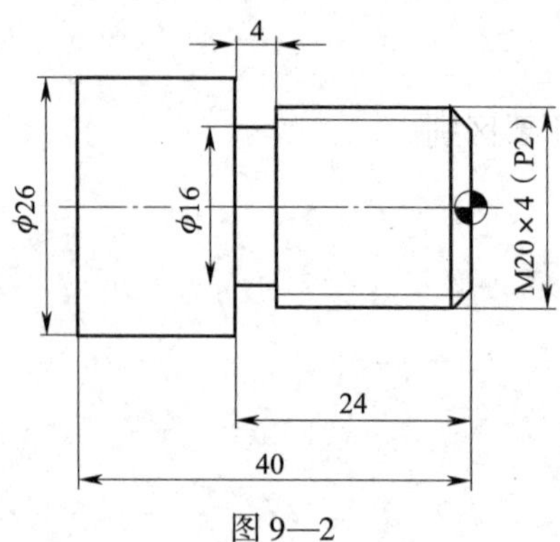

图 9—2

表 9—2

G92 程序	G76 程序

课题十　调用子程序

一、填空题（将正确答案填写在横线上）

1. 程序分为__________程序和__________程序。

2. 子程序的调用需放在__________中，调用子程序的指令是一个__________。

3. 在 GSK980TDc 数控系统中，M98 P○○○○ ××××格式中，○○○○表示__________，××××表示__________。

4. 在 GSK980TDc 数控系统中，可以调用________重子程序。

二、选择题（将正确答案的序号填写在括号内）

1. 在“M98 P121200;”中，调用 12 次的子程序名为（　　）。

A. O0012　　B. O1200　　C. O1212　　D. O21200

2. M99 指令表示（　　）。

A. 主程序结束　　B. 子程序开始　　C. 主程序开始　　D. 子程序结束

3. 在 GSK980TDc 数控系统中，子程序最多可执行（　　）次。

A. 99　　B. 999　　C. 9 999　　D. 99 999

4. 在 GSK980TDc 数控系统中，子程序中不允许有（　　）指令。

A. G00　　B. G90　　C. G03　　D. G71

三、判断题（正确的在括号内打"√"，错误的在括号内打"×"）

1. 在调用子程序时，同一条子程序不能重复利用。（　　）
2. 在 GSK980TDc 数控系统中，子程序可以不用 M99 来结束，系统会自动结束。（　　）
3. 在 GSK980TDc 数控系统中，子程序不能有复合循环指令。（　　）
4. 在 GSK980TDc 数控系统中，子程序只能用相对编程指令编写加工程序。（　　）
5. 在 GSK980TDc 数控系统中，M98 指令在 MDI 方式下无效。（　　）
6. 一个主程序中只能有一个子程序。（　　）

四、简答题

1. 主程序和子程序有什么区别？

2. 在 GSK980TDc 数控系统中，子程序的编写格式是什么？

五、编程题

1. 如图 10—1 所示，用 M98 指令编写多槽零件的加工程序，填写在表 10—1 中。

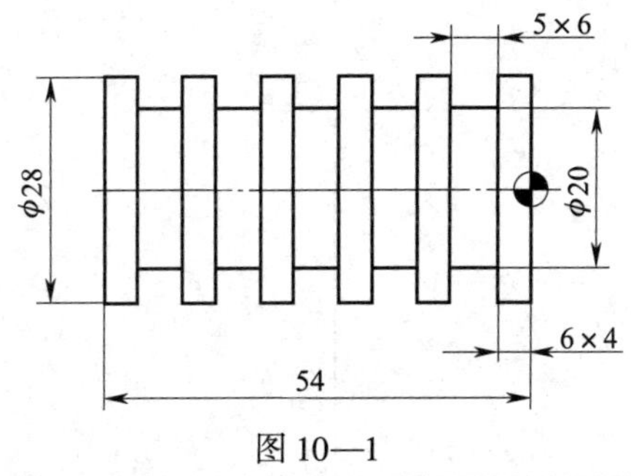

图 10—1

表 10—1

主程序	子程序

2. 如图 10—2 所示，用 M98 指令编写梯形槽零件的加工程序，填写在表 10—2 中。

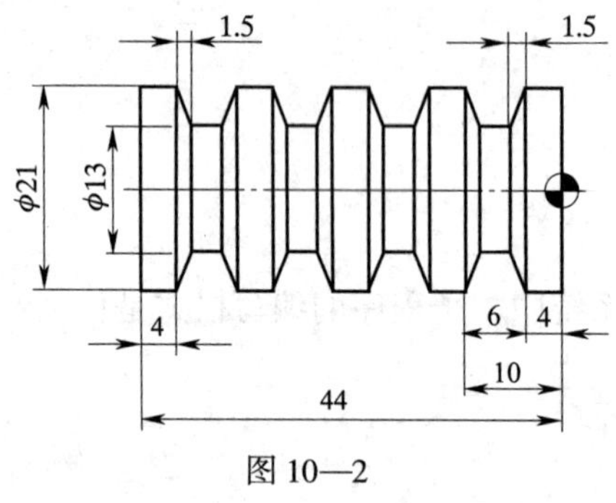

图 10—2

表 10—2

主程序	子程序

课题十一　编 程 实 例

1．如图 11—1 所示，毛坯尺寸为 $\phi22$ mm × 100 mm，编写零件加工程序，在数控车床上加工。按照表 11—1 所列项目检测零件并评价。同时，将操作过程中出现的问题、产生原因及处理措施填写在表 11—2 中。

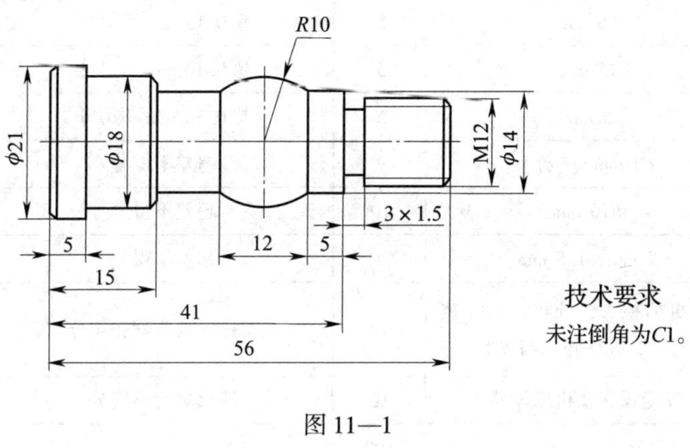

图 11—1

表 11—1 评分标准表

评价项目	技术要求	配分	评分标准	检测记录	得分
外圆	ϕ21 mm	10	超 0.10 mm 不得分		
	ϕ18 mm	10	超 0.10 mm 不得分		
	ϕ14 mm（2 处）	10	超 0.10 mm 不得分		
螺纹	M12	10	超差不得分		
长度	56 mm	5	超 0.15 mm 不得分		
	15 mm	5	超 0.10 mm 不得分		
	5 mm	5	超 0.10 mm 不得分		
倒角	C1 mm（3 处）	9	超差不得分		
圆弧面	R10 mm	10	超差不得分		
退刀槽	3 mm×1.5 mm	4	超差不得分		
规范操作	开机前检查，开机；工件装夹与对刀；程序输入与校验	12	每错一处步骤扣 4 分		
安全文明生产	安全操作及机床保养	10	违反规定不得分		
总　分		100			

表 11—2 加工过程中出现的问题、产生原因及处理措施

出现的问题	产生原因	处理措施

2. 如图 11—2 所示，毛坯尺寸为 ϕ22 mm × 110 mm，编写零件加工程序，在数控车床上加工。按照表 11—3 所列项目检测零件并评价。同时，将操作过程中出现的问题、产生原因及处理措施填写在表 11—4 中。

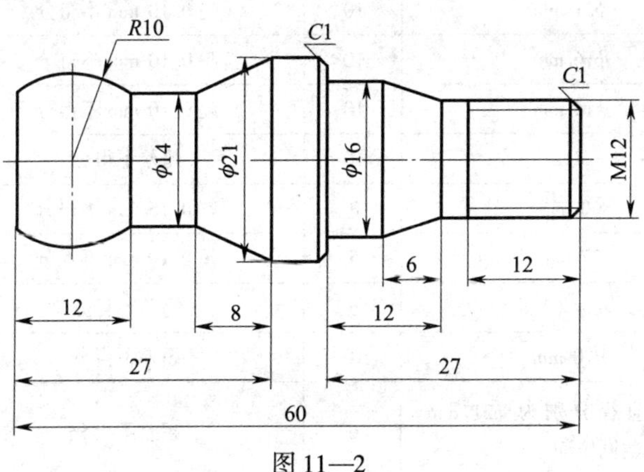

图 11—2

表 11—3　　评分标准表

评价项目	技术要求	配分	评分标准	检测记录	得分
外圆	ϕ21 mm	10	超 0. 10 mm 不得分		
	ϕ16 mm	10	超 0. 10 mm 不得分		
	ϕ14 mm	10	超 0. 10 mm 不得分		
螺纹	M12	10	超差不得分		
长度	60 mm	8	超 0. 15 mm 不得分		
	27 mm	5	超 0. 10 mm 不得分		
倒角	*C*1 mm（2 处）	6	超差不得分		
圆弧面	*R*10 mm	10	超差不得分		
圆锥面	大端直径分别为 ϕ21 mm、ϕ16 mm 的圆锥面	6	超差不得分		
规范操作	开机前检查，开机；工件装夹与对刀；程序输入与校验	18	每错一处步骤扣 4 分		
安全文明生产	安全操作及机床保养	7	违反规定不得分		
总　分		100			

表 11—4　　加工过程中出现的问题、产生原因及处理措施

出现的问题	产生原因	处理措施

3．如图 11—3 所示，毛坯尺寸为 $\phi22$ mm × 120 mm，编写零件加工程序，在数控车床上加工。按照表 11—5 所列项目检测零件并评价。同时，将操作过程中出现的问题、产生原因及处理措施填写在表 11—6 中。

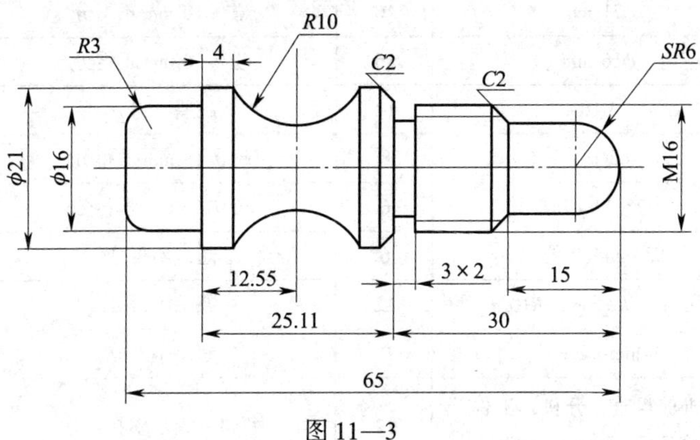

图 11—3

表 11—5　　　　　　　　　　评分标准表

评价项目	技术要求	配分	评分标准	检测记录	得分
外圆	ϕ21 mm	16	超 0. 10 mm 不得分		
	ϕ16 mm	16	超 0. 10 mm 不得分		
螺纹	M16	12	超差不得分		
长度	65 mm	8	超 0. 15 mm 不得分		
	25. 11 mm	6	超 0. 10 mm 不得分		
倒角	*C*2 mm（2 处）	6	超差不得分		
圆弧面	*R*3 mm、*SR*6 mm、*R*10 mm	12	超差不得分		
退刀槽	3 mm×2 mm	2	超差不得分		
规范操作	开机前检查，开机；工件装夹与对刀；程序输入与校验	12	每错一处步骤扣 4 分		
安全文明生产	安全操作及机床保养	10	违反规定不得分		
总　分		100			

表 11—6　　　　　　加工过程中出现的问题、产生原因及处理措施

出现的问题	产生原因	处理措施

第三部分 操 作 篇

课题十二 外圆、端面与台阶加工

一、填空题（将正确答案填写在横线上）

1. 数控车床上加工外圆、端面、台阶时，要考虑如何选择________、________、________等工艺参数。

2. 在车床条件允许的情况下，粗车通常采用较大的________、较快的________，主轴______不宜过快，以合理的时间尽快把余量车削掉。

3. 粗车的作用是可以及时发现毛坯内部残存的________和________等。

4. 精车是指从工件上切除较______的余量，所得精度较______和表面粗糙度较______的加工过程。

5. 外圆车刀有________式、________式、________式三种。

6. 整体式外圆车刀由________刀片刃磨而成，切削速度、切削效率较低，一般用于________、________等材料加工。

7. 安装车刀使用的垫片要________，尽可能地用______垫片，以减少片数，一般为______ ~ ______片。

8. 测量外圆直径常用量具有__________和__________；台阶的长度尺寸可用________、________、________、________等量具测量。

9. 数控车削加工中的切削用量包括________、________或________、________或________。

10. 粗加工时，在系统刚度允许的条件下，尽可能选择较________的背吃刀量，以减少________，提高生产效率；精加工时，通常选取较________的背吃刀量。

二、选择题（将正确答案的序号填写在括号内）

1. 以下（　　）不是将粗、精加工分开安排的原因。

A. 有利于保证加工质量

B. 可以及早发现毛坯的内部缺陷，及时终止加工，避免浪费

C. 为合理选用机床提供可能

D. 减少装夹次数

2. 外圆车刀的选择应考虑刀具角度问题，外圆粗车刀前角、后角应选择较小的角度，刃倾角应选择（　　）。

A. 零度或负值　　B. 零度　　C. 负值　　D. 正值

3. 车台阶时，为了保证台阶面与工件轴线垂直，车刀主偏角应（　　）90°。

A. 大于　　B. 等于　　C. 小于　　D. 大于或等于

4. 安装车刀时，车刀不能伸出刀架太长，应尽可能伸出得短些，一般车刀伸出的长度不超过刀杆厚度的（　　）倍。

A. 1　　B. 1.5　　C. 2　　D. 3

5. 精加工时，通常选取较小的背吃刀量，常取（　　）mm，以保证加工精度及表面粗糙度。

A. 0.01 ~ 0.05　　B. 0.1 ~ 0.5　　C. 0.05 ~ 0.3　　D. 0.25 ~ 0.5

6. 要提高刀具耐用度和切削效率，应从增大（　　）着手。

A. 切削速度和进给量　　B. 切削速度和背吃刀量

C. 背吃刀量　　D. 背吃刀量和进给量

7. 使表面粗糙度值增大的主要因素为（　　）。

A. 进给量大　　B. 背吃刀量小　　C. 高速　　D. 前角小

8. 进给率是（　　）。

A. 每转进给量 × 每分钟转速　　B. 每转进给量/每分钟转速

C. 背吃刀量 × 每分钟转速　　D. 背吃刀量/每分钟转速

9. 零件的粗车余量较多且台阶数较多时，一般用（　　）指令进行粗加工。

A. G01　　B. G90　　C. G71　　D. G94

10. 外径千分尺的测量精度为（　　）mm。

A. 0.001　　B. 0.02　　C. 0.01　　D. 0.005

三、判断题（正确的在括号内打“√”，错误的在括号内打“×”）

1. 在保持金属切除率不变的条件下，为使切削力减小，在选择切削用量时应采用大的背吃刀量、大的切削速度、小的进给量。（　　）

2. 精车是指从工件上切除较少余量，所得表面质量较好的加工过程。（　　）

3. 精加工选择较小的进给量。（　　）

4. 外圆精车刀前角、后角应选择较大的角度，刃倾角选择零值。（　　）

5. 车削台阶轴不能用 G71 指令。（　　）

6. 安装车刀时，无论安装高度还是伸出长度一般不能超过工件直径的 1%。（　　）

7. 车刀装上后，刀架螺钉一定要使用专用扳手再加套管紧固。（　　）

8. 游标卡尺测量精度较高，测量精度为 0.01 mm。（　　）

9. 粗加工或工件材料的加工性能较差时，宜选用较低的切削速度。（　　）

四、简答题

1. 简述粗、精加工的概念。

2. 简述车刀在安装过程中刀尖对中心的方法。

五、实训题

在使用 GSK980TDc 数控系统的数控车床上加工图 12—1 所示零件。按照表 12—1 所列项目检测零件并评价。同时，将操作过程中出现的问题、产生原因及处理措施填写在表 12—2 中。毛坯尺寸为 ϕ30 mm × 80 mm，材料为 45 钢。

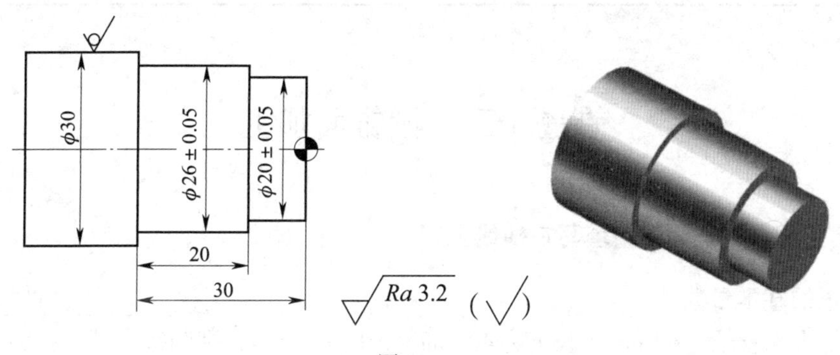

图 12—1

表 12—1 **评分标准表**

检测项目	技术要求	配分	评分标准	检测记录	得分
尺寸精度	ϕ（26 ±0. 05）mm	20	每超 0. 01 mm 扣 2 分		
	ϕ（20 ±0. 05）mm	20	每超 0. 01 mm 扣 2 分		
	30 mm	10	超 0. 15 mm 不得分		
	20 mm	10	超 0. 15 mm 不得分		
表面粗糙度	*Ra*3. 2 μm	10	超差不得分		
规范操作	开机前检查，开机；工件装夹与对刀；程序输入与校验	20	每错一处步骤扣 5 分		
安全文明生产	安全操作及机床保养	10	违反规定不得分		
总　分		100			

表 12—2　　加工过程中出现的问题、产生原因及处理措施

出现的问题	产生原因	处理措施

课题十三　圆锥面加工

一、填空题（将正确答案填写在横线上）

1. 圆锥的基本参数是________、__________、__________、__________和__________。

2. 圆锥大端直径为 60 mm，长度为 40 mm，锥度 $C=1/4$，则圆锥小端直径为______mm，圆锥角为__________。

3. 公制圆锥分成________个号码，它的号码指大端直径，其________固定不变。

4. 莫氏圆锥分成________个号码，其中________号锥度最小，________号锥度最大。

5. 3 号莫氏圆锥的锥度为__________，其大端基准圆直径为__________。

6. 测量外圆锥锥角（锥度）的量具有_______________、_____________、___________、____________等。

7. 车外圆锥时，当车刀副偏角过小，易发生________现象。

8. ______________是为了解决刀尖圆弧可能引起的加工误差。

9. G41 指令含义是____________________，G42 指令含义是_______________________，G40 指令含义是______________________。

10. 车外圆刀尖位置号为______号，车内圆刀尖位置号为______号。

二、选择题（将正确答案的序号填写在括号内）

1. 米制圆锥的锥度是（　　）。

A. 1∶18　　B. 1∶20　　C. 1∶22.5　　D. 1∶20.047

2. 加工外圆单圆锥面时，一般采用（　　）指令车削。

A. G01　　B. G90　　C. G71　　D. G94

3. 加工圆锥的车刀必须对准工件旋转中心，避免产生（　　）误差。

A. 双曲线　　B. 鼓形　　C. 鞍形　　D. 三种都可能

4. 测量标准锥度圆锥时，应选择（　　）。

A. 万能角度尺　　B. 角度样板　　C. 正弦规　　D. 锥度量规

5. 刀尖半径左补偿方向的规定是（　　）。

A. 沿刀具运动方向看，工件位于刀具左侧

B. 沿工件运动方向看，工件位于刀具左侧

C. 沿工件运动方向看，刀具位于工件左侧

D. 沿刀具运动方向看，刀具位于工件左侧

6. 数控车床在加工中为了实现对车刀刀尖磨损量的补偿，可沿假设的刀尖方向，在刀尖半径值上附加一个刀具偏移量，称为（　　）。

A. 刀具位置补偿　　B. 刀具半径补偿

C. 刀具长度补偿　　D. 刀具位置和半径补偿

7. 在数控加工中，刀具补偿功能除对刀具半径进行补偿外，在用同一把刀进行粗、精加工时，还可进行加工余量的补偿。设刀具半径为 r，精加工时半径方向余量为 Δ，则最后一次粗加工走刀的半径补偿量为（　　）。

A. r　　B. Δ　　C. $r+\Delta$　　D. $2r+\Delta$

8. 当数控机床具备刀具半径补偿功能时，数控编程按工件的轮廓编程，这时刀具的半径看作是（　　）。

A. 零　　B. 大于零　　C. 小于零　　D. 等于 10

9. 建立刀具补偿正确的程序段是（　　）。

A. G42 G01 X50 Z－20；　　B. G41 G02 X50 Z－20；

C. G42 G03 X50 Z－20；　　D. G40 G03 X50 Z－20；

10. 下列多重循环指令中，不能进行刀具半径补偿的指令是（　　）。

A. G70　　B. G71　　C. G73　　D. G75

三、判断题（正确的在括号内打“√”，错误的在括号内打“×”）

1. 有一个外圆锥，已知 $D_{大}=65$ mm，$D_{小}=35$ mm，$L=100$ mm，用近似公式求出圆锥半角为 8°36′。（　　）

2. 圆锥角是圆锥母线与圆锥轴线之间的夹角。（　　）

3. 米制圆锥的号数是指大端直径。（　　）

4. 配合精度要求较高的圆锥表面应选用万能角度尺测量。（　　）

5. 车圆柱表面时，刀尖圆弧半径会影响工件尺寸和形状精度。（　　）

6. 自右往左车外轮廓时，应选用刀尖半径左补偿。（　　）

7. 用刀尖半径补偿指令时，还需要在机床刀具相应参数中输入刀尖半径值及刀尖位置号。（　　）

8. G40/G41/G42 指令只能与 G00/G01 指令出现在同一程序段。（　　）

四、简答题

1．常用锥度和标准锥度有哪些？

2．简述加工圆锥面的车刀及选用。

五、实训题

1．在使用 GSK980TDc 数控系统的数控车床上加工图 13—1 所示零件。按照表 13—1 所列项目检测零件并评价。同时，将操作过程中出现的问题、产生原因及处理措施填写在表 13—2 中。毛坯尺寸为 ϕ30 mm × 80 mm，材料为 45 钢。

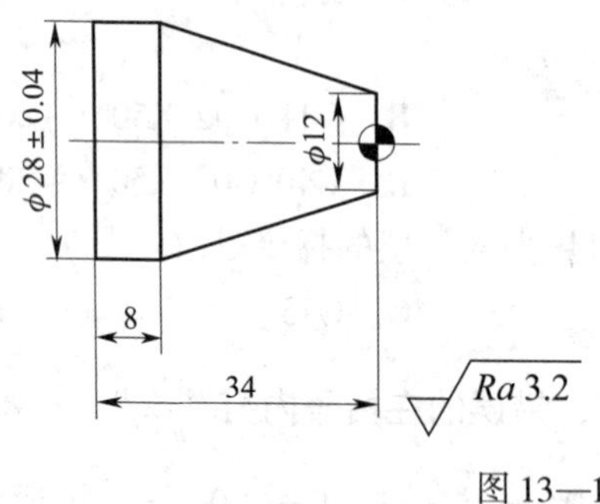

图 13—1

表 13—1 **评分标准表**

检测项目	技术要求	配分	评分标准	检测记录	得分
尺寸精度	ϕ（28 ± 0. 04）mm	20	每超 0. 01 mm 扣 2 分		
	34 mm	14	超 0. 15 mm 不得分		
	8 mm	14	超 0. 15 mm 不得分		
	小端直径 ϕ12 mm 的锥面	20	超差不得分		
表面粗糙度	*Ra*3. 2 μm	10	降级不得分		

续表

检测项目	技术要求	配分	评分标准	检测记录	得分
规范操作	开机前检查，开机；工件装夹与对刀；程序输入与校验	12	每错一处步骤扣4分		
安全文明	安全操作及机床保养	10	违反规定不得分		
总　分		100			

表13—2　　加工过程中出现的问题、产生原因及处理措施

出现的问题	产生原因	处理措施

2. 在使用GSK980TDc数控系统的数控车床上加工图13—2所示零件。按照表13—3所列项目检测零件并评价。同时，将操作过程中出现的问题、产生原因及处理措施填写在表13—4中。

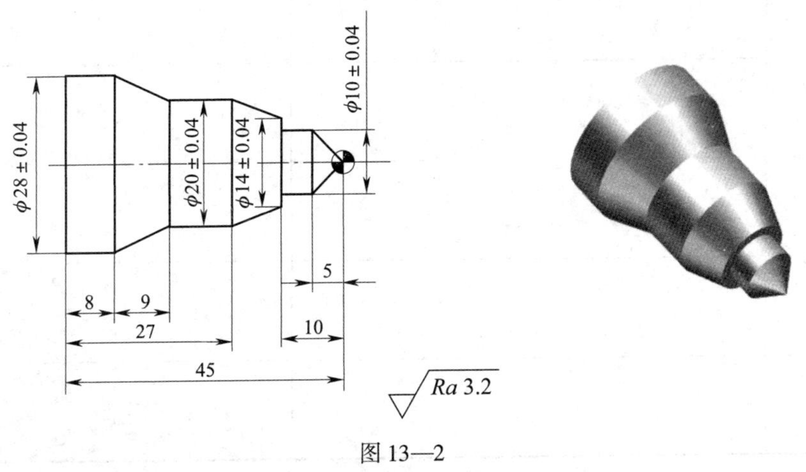

图13—2

表 13—3　　　　评分标准表

检测项目	技术要求	配分	评分标准	检测记录	得分
尺寸精度	ϕ（28 ±0.04）mm	15	每超 0.01 mm 扣 2 分		
	ϕ（20 ±0.04）mm	15	每超 0.01 mm 扣 2 分		
	ϕ（14 ±0.04）mm	10	每超 0.01 mm 扣 2 分		
	ϕ（10 ±0.04）mm	15	每超 0.01 mm 扣 2 分		
	45 mm	8	超 0.15 mm 不得分		
	大端直径分别为 ϕ（20 ±0.04）mm、ϕ（10 ±0.04）mm 的锥面	10	超差不得分		
表面粗糙度	$Ra3.2$ μm	10	降级不得分		
规范操作	开机前检查，开机；工件装夹与对刀；程序输入与校验	12	每错一处步骤扣 4 分		
安全文明生产	安全操作及机床保养	5	违反规定不得分		
总　分		100			

表 13—4　　　　加工过程中出现的问题、产生原因及处理措施

出现的问题	产生原因	处理措施

课题十四　车 槽 加 工

一、填空题（将正确答案填写在横线上）

1. 槽按其形状分有______槽、________槽等，按所处的位置分有______槽、______槽、________槽等。

2. 常用的切槽刀具有__________切槽刀、__________切槽刀和__________切槽刀。

3. 槽的宽度根据精度高低可选用____________、____________、____________等量具。槽底直径选用__________、__________或____________等量具。

4. 选择切槽的切削用量时，切削速度通常取外圆切削速度的________%～________%；进给量一般取________～________mm/r。

5. 窄槽采用__________法进刀进行加工；窄槽车刀刀头宽度常与__________相同。

6. 加工宽直槽时，切槽刀应采用__________切削法加工并在__________、__________留精车余量。

7. 为了保证槽底光滑，切槽刀车至槽底需用 G04 指令使__________________来实现。

8. 切断刀的形状与________刀相似，通常可用其代替。

二、选择题（将正确答案的序号填写在括号内）

1. 宽槽采用的进刀方式为（　　）。
   A. 直进法　　B. 多次直进法　　C. 斜进法　　D. 左右进刀法

2. 当槽宽小于 5 mm 时，所选切槽刀刀头宽度应（　　）槽宽。
   A. 小于　　B. 大于　　C. 等于　　D. 大于或等于

3. G75 切槽循环指令或调用子程序的切槽方法一般应用于（　　）加工。
   A. 梯形槽　　B. 弧形槽　　C. 多道槽　　D. 窄槽

4. 以切断刀右刀刃为基准切断工件时，编程的长度应是（　　）。
   A. 工件长度　　B. 工件长度＋刀宽
   C. 工件长度－刀宽　　D. 工件长度＋刀宽/2

5. 外槽底直径可选用（　　）来测量。
   A. 钢尺　　B. 样板　　C. 游标卡尺　　D. 内径千分尺

6. “G04 P4;”表示暂停时间为（　　）。
   A. 4 μs　　B. 4 ms　　C. 4 s　　D. 2 ms

7. 在数控车床加工过程中，零件长度为 50 mm，切断刀宽度为 2 mm，如果以切断刀的左刀尖为刀位点，则编程时 Z 方向应定位在（　　）mm 处切断工件。
   A. 50　　B. 52　　C. 48　　D. 54

三、判断题（正确的在括号内打“√”，错误的在括号内打“×”）

1. 切直槽可采用 G01 指令切入。　　（　　）

2. 切断实心零件时，切断刀的刀头长度应比零件半径长 2 ~ 3 mm。 (　　)

3. 宽度较大的槽可用刀头宽度等于槽宽的刀具以直进法切出。 (　　)

4. 切断时，在车刀不会撞到卡盘的前提下，工件的切断处应尽量靠近卡盘。 (　　)

5. 为了保证槽底光滑、平整，切槽刀车至槽底需停留一定时间。 (　　)

6. 外圆切槽刀安装时可略高于工件旋转中心。 (　　)

7. 端面切槽刀的主切削刃应安装在与车床回转轴线等高并垂直的位置。 (　　)

8. 程序段“G75 X20.0 P5.0 F0.15;”中 P5.0 的含义是沟槽深度。 (　　)

四、简答题

1. 简述车槽的方法。

2. 简述切断时的注意事项。

五、实训题

1. 在使用 GSK980TDc 数控系统的数控车床上加工图 14—1 所示零件。按照表 14—1 所列项目检测零件并评价。同时，将操作过程中出现的问题、产生原因及处理措施填写在表 14—2 中。毛坯尺寸为 ϕ30 mm × 80 mm，材料为 45 钢。

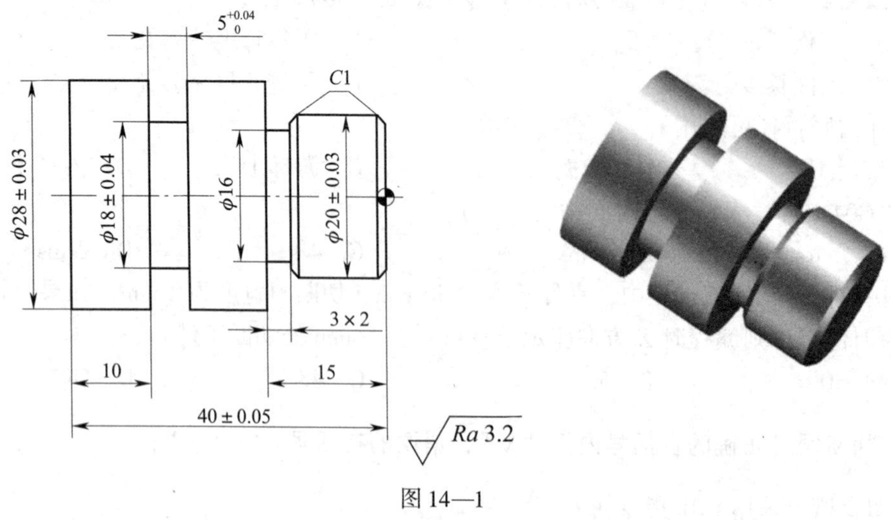

图 14—1

表 14—1　　评分标准表

检测项目	技术要求	配分	评分标准	检测记录	得分
尺寸精度	ϕ（28 ±0.03） mm	20	每超 0.01 mm 扣 2 分		
	ϕ（20 ±0.03） mm	20	每超 0.01 mm 扣 2 分		
	ϕ（18 ±0.04） mm	20	每超 0.01 mm 扣 2 分		
	（40 ±0.05） mm	10	每超 0.01 mm 扣 2 分		
	3 mm×2 mm 槽	4	超 0.15 mm 不得分		
	倒角 *C*1 mm（2 处）	4	超差不得分		
表面粗糙度	*Ra*3.2 μm	5	降级不得分		
规范操作	开机前检查，开机；工件装夹与对刀；程序输入与校验	12	每错一处步骤扣 4 分		
安全文明	安全操作及机床保养	5	违反规定不得分		
总　　分		100			

表 14—2　　加工过程中出现的问题、产生原因及处理措施

出现的问题	产生原因	处理措施

2. 在使用 GSK980TDc 数控系统的数控车床上加工图 14—2 所示零件。按照表 14—3 所列项目检测零件并评价。同时，将操作过程中出现的问题、产生原因及处理措施填写在表 14—4 中。毛坯尺寸为 ϕ30 mm×80 mm，材料为 45 钢。

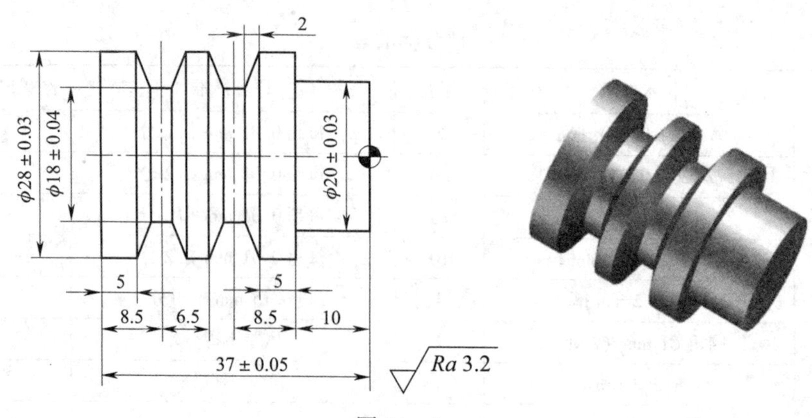

图 14—2

表 14—3　　评分标准表

检测项目	技术要求	配分	评分标准	检测记录	得分
尺寸精度	ϕ（28 ±0.03）mm	15	每超 0.01 mm 扣 2 分		
	ϕ（20 ±0.03）mm	15	每超 0.01 mm 扣 2 分		
	ϕ（18 ±0.04）mm	10	每超 0.01 mm 扣 2 分		
	（37 ±0.05）mm	15	每超 0.01 mm 扣 2 分		
	10 mm	6	超 0.15 mm 不得分		
	锥面（4 处）	12	超差不得分		
表面粗糙度	Ra3.2 μm	10	降级不得分		
规范操作	开机前检查，开机；工件装夹与对刀；程序输入与校验	12	每错一处步骤扣 4 分		
安全文明生产	安全操作及机床保养	5	违反规定不得分		
总　分		100			

表 14—4　　加工过程中出现的问题、产生原因及处理措施

出现的问题	产生原因	处理措施

课题十五　圆弧面加工

一、填空题（将正确答案填写在横线上）

1. 加工圆弧表面的车刀有＿＿＿＿＿车刀、＿＿＿＿＿车刀和＿＿＿＿＿车刀。

2. 为了加工圆弧，安装车刀时一定要保证＿＿＿＿＿与车床的＿＿＿＿＿＿在同一高度，否则加工出来圆弧面不符合要求。

3. 车削圆弧的主要车削方法有＿＿＿＿＿＿＿法、＿＿＿＿＿＿法、＿＿＿＿＿＿＿法和＿＿＿＿＿＿＿＿＿＿法。

4. 圆弧表面主要检测其＿＿＿＿＿＿及＿＿＿＿＿＿，形状精度可用＿＿＿＿＿＿测量，表面粗糙度可用＿＿＿＿＿＿＿＿＿比对。

5. 半径样板是利用＿＿＿＿＿法测量＿＿＿＿＿的工具。

二、选择题（将正确答案的序号填写在括号内）

1. 加工尺寸较小的圆弧形凹槽、半圆槽及尺寸较小的凸圆弧表面采用（　　）车刀。

A. 成形　　B. 棱形　　C. 尖形　　D. 圆弧

2.（　　）是根据加工余量，采用圆锥分层切削的方法将加工余量去除，再进行圆弧精加工。

A. 等径圆分层法　　B. 车锥分层法　　C. 圆弧偏移法　　D. 台阶分层法

3. 精加工圆弧面用（　　）指令。

A. G01　　B. G02/G03　　C. G71/G72　　D. G90/G94

4.（　　）编程简单，但加工刀具必须在没有干涉的情况下才能加工。

A. 等径圆分层法　　B. 车锥分层法

C. 圆弧偏移法　　D. 台阶分层法

5. 圆弧偏移法粗加工圆弧面时，一般应用（　　）指令。

A. G73　　B. G02/G03　　C. G71/G72　　D. G90/G94

三、判断题（正确的在括号内打“√”，错误的在括号内打“×”）

1. 等径圆分层法编程坐标计算简单，但切削路径较多，程序较为烦琐。（　　）

2. 棱形车刀可加工凹、凸圆弧表面，易产生主、副刀刃干涉现象。相对而言刀具副偏角较大，不易产生副刀刃干涉现象，可用于不带台阶的成形表面加工。（　　）

3. 因为半径样板采用目测，所以检测的准确度不高，只能做定性测量。（　　）

4. 为了防止主、副刀刃与工件表面产生干涉，车削圆弧表面时车刀主、副偏角一般选择较大，从而使车刀刀尖角小，刀尖强度高。（　　）

5. 粗加工台阶形圆弧面时，一般用 G94 指令。（　　）

6. 由于存在刀尖圆弧，车削圆弧面会产生尺寸、形状误差。（　　）

四、简答题

1．简述加工圆弧表面时如何选用车刀。

2．简述半径样板测量圆弧面的工作原理。

五、实训题

在使用 GSK980TDc 数控系统的数控车床上加工图 15—1 所示零件。按照表 15—1 所列项目检测零件并评价。同时，将操作过程中出现的问题、产生原因及处理措施填写在表 15—2 中。毛坯尺寸为 $\phi30$ mm × 80 mm，材料为 45 钢。

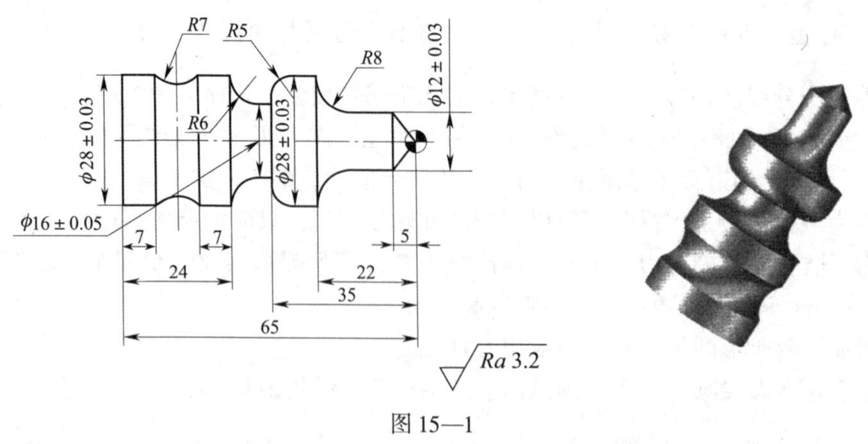

图 15—1

表 15—1　　　　评分标准表

检测项目	技术要求	配分	评分标准	检测记录	得分
尺寸精度	ϕ（28 ±0.03）mm（2 处）	20	每超 0.01 mm 扣 2 分		
	ϕ（16 ±0.05）mm	15	每超 0.01 mm 扣 2 分		
	ϕ（12 ±0.03）mm	15	每超 0.01mm 扣 2 分		
	65 mm	5	超 0.15 mm 不得分		
	大端直径为 ϕ（12 ±0.03）mm 的锥面	3	超差不得分		
	*R*5 mm、*R*6 mm、*R*7 mm、*R*8 mm 圆弧面	20	超差不得分		
表面粗糙度	*Ra*3.2 μm	5	降级不得分		
规范操作	开机前检查，开机；工件装夹与对刀；程序输入与校验	12	每错一处步骤扣 4 分		
安全文明生产	安全操作及机床保养	5	违反规定不得分		
总　　分		100			

表 15—2　　　　加工过程中出现的问题、产生原因及处理措施

出现的问题	产生原因	处理措施

课题十六　螺 纹 加 工

一、填空题（将正确答案填写在横线上）

1. 普通螺纹分__________和__________。

2. 数控车床上车三角形螺纹，实际牙深计算公式一般为______________________。

3. 车外螺纹前，由于受到挤压等作用，外螺纹尺寸会胀大，故车外螺纹前圆柱直径应比螺纹大径小________~________mm。

4. 螺纹的背吃刀量分配时，为避免切削力过大而损坏刀具，每次背吃刀量应越来越________。

5. 三角形螺纹车刀编程与对刀过程中应以__________作为刀位点。

6. 三角形圆柱内、外螺纹实际加工和编程中涉及尺寸有__________、__________、______________、______________等。

7. 在数控车床上为提高切削效率，螺纹加工一般选用__________螺纹车刀。

8. 普通螺纹的切削方式可分为________法、________法和__________法。

9. 普通螺纹检测项目有__________、________、__________、__________。

10. 切削螺纹速度较低时易产生鳞刺，速度太高时挤压变形严重，一般高速钢螺纹车刀切削速度为______~______r/min，可转位螺纹车刀切削速度为______~______r/min。

11. 梯形螺纹的代号用字母“______”及__________×________表示，单位均为________。

12. 梯形螺纹车刀刀头宽度原则上等于梯形螺纹________，但为了便于切削和排屑，刀头宽度一般比槽底宽小________~________mm。

13. 梯形螺纹的切削方式可分为__________法、__________法、__________法和______________法。

14. 公制梯形螺纹的牙槽底宽 $W=$ ____________________________。

二、选择题（将正确答案的序号填写在括号内）

1. 车削螺距小于 3 mm 的螺纹，采用（　　）切削。

A. 直进法　　B. 斜进法　　C. 左右切削法

2. （　　）切削，切屑小，不易扎刀且牙侧精度高。

A. 直进法　　B. 斜进法　　C. 左右切削法

3. 设置空刀导入量、空刀导出量的原因是（　　）。

A. 切削方便　　B. 防止撞刀

C. 避免在螺纹起始点和终点产生不正确导程

4. 测量螺纹中径使用的量具是（　　）。

A. 游标卡尺　　B. 螺纹千分尺　　C. 螺纹塞规和螺纹环规

5. 在 GSK980TDc 数控系统中，G92、G76 指令可以加工（　　）。

A. 圆柱螺纹　　B. 内螺纹　　C. 圆锥螺纹　　D. 以上均可

6. 螺纹车刀刀尖应与中心等高，刀尖角的对称中心线与工件轴线的位置关系是（　　）。

A. 平行　　B. 倾斜　　C. 垂直　　D. 成75°角

7. 三角形内螺纹车刀刀尖至刀背距离应（　　）内孔直径，防止刀具发生干涉。

A. 小于　　B. 大于　　C. 等于或小于　　D. 等于或大于

8. M20×3/2 的螺距为（　　）mm。

A. 3　　B. 1.5　　C. 2　　D. 2.5

9. Tr28×5 的中径为（　　）mm。

A. 24.5　　B. 25　　C. 25.5　　D. 26

10. Tr28×5 的牙顶宽为（　　）mm。

A. 1.6　　B. 1.7　　C. 1.8　　D. 1.83

11. Tr28×5 的牙高为（　　）mm。

A. 2.5　　B. 2.6　　C. 2.7　　D. 2.75

12. 用三针测量 Tr40×7 中径，千分尺的读数是（　　）mm。

A. 41.95　　B. 41.96　　C. 41.97　　D. 41.98

13. 梯形螺纹牙顶宽的计算公式为 $f=f'=$（　　）p。

A. 0.366　　B. 0.866　　C. 0.536　　D. 0.275

14. 螺纹的综合测量应使用（　　）。

A. 螺纹千分尺　　B. 游标卡尺　　C. 螺纹量规　　D. 齿轮卡尺

三、判断题（正确的在括号内打“√”，错误的在括号内打“×”）

1. 车削螺纹时，螺纹车刀空刀退刀量不能大于螺纹退刀槽宽度。（　　）
2. 车削螺纹时进给倍率无效。（　　）
3. 斜进法车梯形螺纹时不会产生扎刀现象。（　　）
4. 车削螺纹时可以根据需要修调主轴倍率改变主轴转速大小。（　　）
5. 梯形螺纹车刀的安装，必须使直接切削刃位于通过被加工工件轴线的水平面上，并使车刀中线与工件轴线垂直。（　　）
6. Tr44×6－LH 梯形螺纹，其中 LH 表示螺纹的公差代号。（　　）

四、简答题

1. 车削螺纹时，为什么要设置空刀导入量和空刀退出量？其值应如何确定？

2．车削梯形螺纹的进刀方式有哪些？分别用于什么场合？

五、实训题

1．在使用 GSK980TDc 数控系统的数控车床上加工图 16—1 所示零件。按照表 16—1 所列项目检测零件并评价。同时，将操作过程中出现的问题、产生原因及处理措施填写在表 16—2 中。毛坯尺寸为 ϕ30 mm × 80 mm，材料为 45 钢。

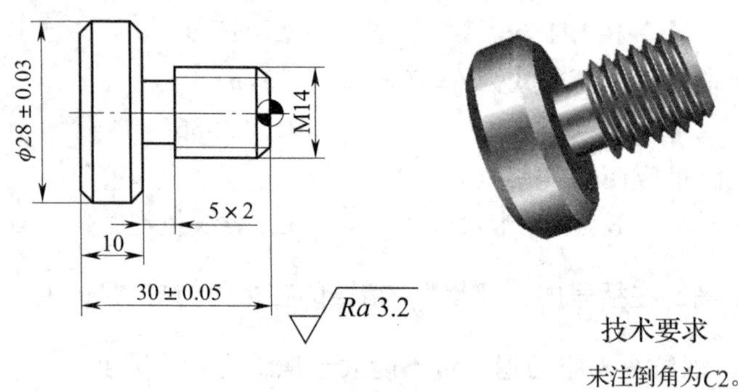

图 16—1

表 16—1　　　　评分标准表

检测项目	技术要求	配分	评分标准	检测记录	得分
尺寸精度	ϕ（28 ± 0.03）mm	20	每超 0.01 mm 扣 2 分		
	（30 ± 0.05）mm	20	每超 0.01 mm 扣 2 分		
	10 mm	8	超 0.10 mm 不得分		
	M14	20	超差不得分		
	5 mm × 2 mm 退刀槽	4	超差不得分		
	*C*2 mm 倒角（3 处）	6	超差不得分		
表面粗糙度	*Ra*3.2 μm	5	降级不得分		
规范操作	开机前检查，开机；工件装夹与对刀；程序输入与校验	12	每错一处步骤扣 4 分		
安全文明生产	安全操作及机床保养	5	违反规定不得分		
总　分		100			

表 16—2　　　　　　　　　　**加工过程中出现的问题、产生原因及处理措施**

出现的问题	产生原因	处理措施

2. 在使用 GSK980TDc 数控系统的数控车床上加工图 16—2 所示零件。按照表 16—3 所列项目检测零件并评价。同时，将操作过程中出现的问题、产生原因及处理措施填写在表 16—4 中。毛坯尺寸为 ϕ40 mm×90 mm，材料为 45 钢。

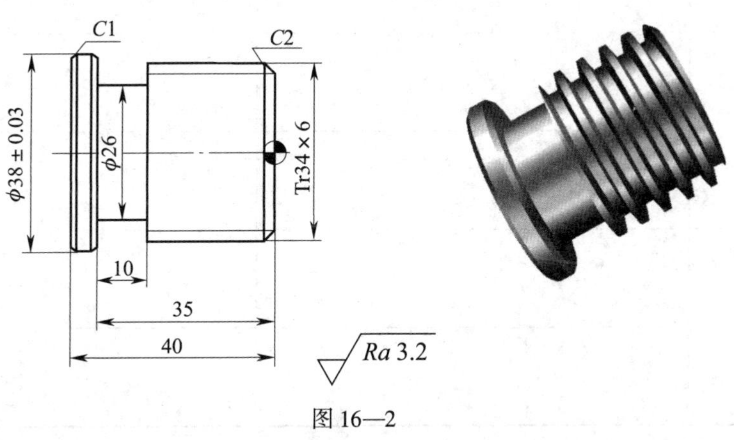

图 16—2

表 16—3 **评分标准表**

检测项目	技术要求	配分	评分标准	检测记录	得分
加工精度	ϕ（38 ±0.03）mm	20	每超 0.01 mm 扣 2 分		
	ϕ26 mm	10	超 0.10 mm 不得分		
	40 mm	10	超 0.15 mm 不得分		
	35 mm	10	超 0.10 mm 不得分		
	10 mm	4	超差不得分		
	Tr34 ×6 mm 梯形螺纹	20	超差不得分		
	倒角 $C2$ mm、$C1$ mm（共 2 处）	4	超差不得分		
表面粗糙度	$Ra3.2$ μm	5	降级不得分		
规范操作	开机前检查，开机；工件装夹与对刀；程序输入与校验	12	每错一处步骤扣 4 分		
安全文明生产	安全操作及机床保养	5	违反规定不得分		
总　分		100			

表 16—4 **加工过程中出现的问题、产生原因及处理措施**

出现的问题	产生原因	处理措施

课题十七　内 孔 加 工

一、填空题（将正确答案填写在横线上）

1. 对于精度要求不高的孔，可用________直接钻出；对于精度要求较高的孔，钻孔后还要经过________或________、________。

2. ________是用铰刀对未淬硬孔进行精加工的一种方法。

3. 采用车内孔的方法其尺寸精度一般可达________ ~ ________级，表面粗糙度值可达 *Ra* ____ ~ ____μm。

4. 内孔车刀装夹时，刀尖必须跟工件中心________或________一些，这样就能防止受切削力使刀尖扎进工件。

5. 测量内孔直径的量具有________、________、________及________等。

6. 车孔的关键技术是解决________________和________________问题。

7. 钻孔时主轴转速选________ ~ ________r/min，进给速度选________ ~ ________mm/r，钻孔前还需钻中心孔，钻中心孔转速为________ ~ ________r/min，进给速度小于________mm/r。

二、选择题（将正确答案的序号填写在括号内）

1. 铰孔后，孔的表面粗糙度值可达 *Ra*（　　）μm。

A. 0.4　　B. 0.8　　C. 1.6　　D. 3.2

2. 对于铸造孔、锻造孔或用钻头钻出的孔，为达到所要求的尺寸精度、位置精度和表面粗糙度，可采用（　　）孔的方法。

A. 钻　　B. 扩　　C. 铰　　D. 车

3. 通孔车刀的主偏角一般（　　）90°，以增大刀头强度。

A. 小于　　B. 大于　　C. 等于　　D. 等于或小于

4. 测量大批量高精度孔时，可选用（　　）。

A. 游标卡尺　　B. 内径百分表　　C. 内径千分尺　　D. 塞规

5. 使用刀尖半径补偿功能车内轮廓，刀尖位置号为（　　）。

A. 1　　B. 2　　C. 3　　D. 4

三、判断题（正确的在括号内打“√”，错误的在括号内打“×”）

1. 铰孔是用铰刀对未淬硬孔进行精加工的一种方法，孔的尺寸精度可达 IT7 ~ IT8 级。（　　）

2. 盲孔（或台阶孔）车刀的主偏角必须小于 90°。（　　）

3. 如果内孔车刀刀尖低于工件中心，容易出现“扎刀”现象，导致内孔车大。（　　）

4. 精车孔时，应保持刀刃锋利，否则容易出现“让刀”现象，把孔车成锥形。（　　）

5. 精度较高的内孔可用外径千分尺测量。（　　）

6．车内轮廓的切削用量应比车外轮廓的切削用量大一些，以提高切削效率。（　　）

7．车刀刀尖圆弧半径不会对内圆锥表面形状和尺寸产生影响。（　　）

四、简答题

1．通孔车刀与盲孔车刀有什么区别？

2．简述车孔的关键技术。

五、实训题

在使用 GSK980TDc 数控系统的数控车床上加工图 17—1 所示零件。按照表 17—1 所列项目检测零件并评价。同时，将操作过程中出现的问题、产生原因及处理措施填写在表 17—2 中。毛坯尺寸为 $\phi50$ mm×90 mm，材料为 45 钢。

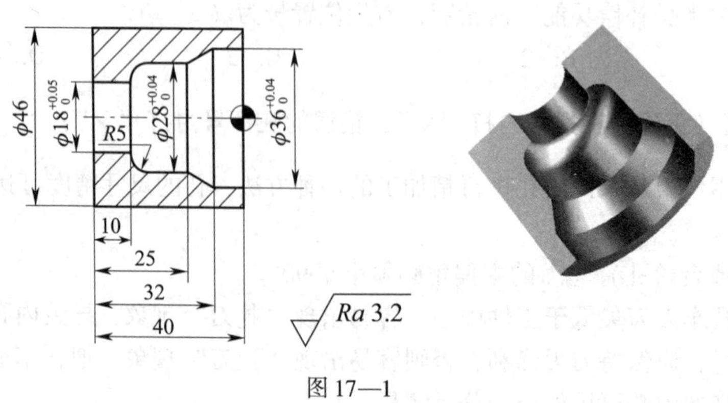

图 17—1

表 17—1 **评分标准表**

检测项目	技术要求	配分	评分标准	检测记录	得分
尺寸精度	$\phi 46$ mm	10	超 0.10 mm 不得分		
	$\phi 36^{+0.04}_{0}$ mm	20	每超 0.01 mm 扣 2 分		
	$\phi 28^{+0.04}_{0}$ mm	20	每超 0.01 mm 扣 2 分		
	$\phi 18^{+0.05}_{0}$ mm	20	每超 0.01 mm 扣 2 分		
	40 mm	4	超 0.15 mm 不得分		
	$R5$ mm	4	超差不得分		
表面粗糙度	$Ra3.2$ μm	5	降级不得分		
规范操作	开机前检查，开机；工件装夹与对刀；程序输入与校验	12	每错一处步骤扣 4 分		
安全文明生产	安全操作及机床保养	5	违反规定不得分		
总　　分		100			

表 17—2 **加工过程中出现的问题、产生原因及处理措施**

出现的问题	产生原因	处理措施

课题十八　数控加工尺寸的修改方法

一、填空题（将正确答案填写在横线上）

1. 常用的修改方法有________修改法、________修改法以及________修改法。

2. 应用于稳定反向间隙的机床的修改方法一般是________、________修改法。

3. 修改刀具起点位置的方法是采用________指令来修改。

4. T1 是外圆粗车刀，刀补量为（0，0）；T2 是外圆精车刀，刀补量为（－5.73，4.30）；精加工 ϕ20 mm 外圆时，测得尺寸为 19.97 mm，则 T2 的刀补量应改为__________。

5. ____________修改法只能对基准刀坐标值进行设置，设置之前必须确定基准刀的____________；否则会产生程序坐标值_______。

二、选择题（将正确答案的序号填写在括号内）

1. 当加工工件的直径 20 mm 比要求大 0.3 mm，程序修改法修改尺寸时应将编程中的 X20 改成 X（　　）。

A. 20.3　　B. 19.7　　C. 20.03　　D. 19.07

2. 系统在直径编程状态下，当刀偏表中刀具 X 轴磨损值为 1 mm 时，加工出的工件直径比要求大 0.8 mm。此时，应把 X 轴磨损值改为（　　），才能加工出合格的产品。

A. －0.8　　B. －0.2　　C. 0　　D. 0.2

3. 当加工的所有工件的直径比要求大 0.5 mm，利用坐标系修改法将刀具从当前 X70 移动到 X69.5，修改当前的 X 向坐标设置为（　　）。

A. G50 X69　　B. G50 X70　　C. G50 X69.5　　D. G50 X70.5

三、判断题（正确的在括号内打“√”，错误的在括号内打“×”）

1. 在数控车床加工尺寸处于非稳定反向间隙时，可用坐标系修改法进行尺寸修改。（　　）

2. 当加工的所有工件的直径比要求大 0.3mm 时，可通过修改坐标系将当前 X 值设小 0.3 mm。（　　）

3. 刀具偏置磨损量修改后，再一次执行程序前必须执行一次刀具磨损量，也就是执行换刀功能。（　　）

四、简答题

简述数控车床在加工中常用的修改方法。

课题十九　综合加工实例

1. 车削图 19—1 所示零件，毛坯尺寸为 $\phi30$ mm × 150 mm。制订加工工艺，并填入表 19—1。加工后检测零件，将测量结果填入表 19—2。

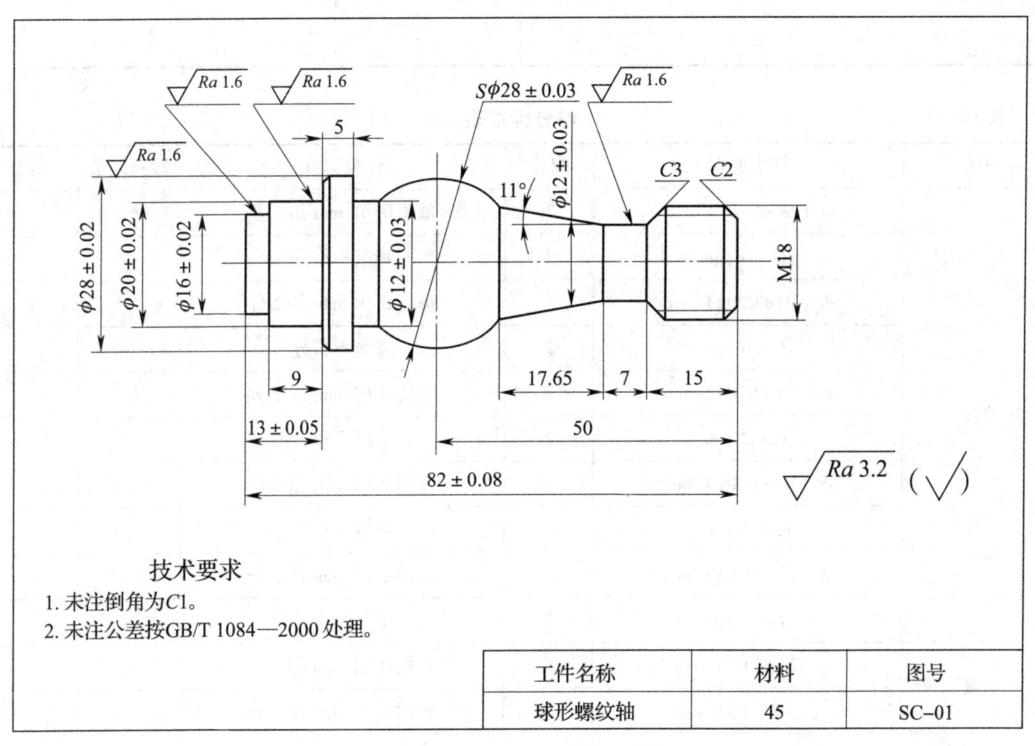

图 19—1

表 19—1　　**工艺过程表**

序号	工艺步骤	车刀类型	主轴转速 n (r/min)	进给速度 v_f (mm/min)	背吃刀量 a_p (mm)

续表

序号	工艺步骤	车刀类型	主轴转速 n (r/min)	进给速度 v_f (mm/min)	背吃刀量 a_p (mm)

表 19—2 **评分标准表**

检测项目	技术要求	配分	评分标准	检测记录	得分
外圆	ϕ（28 ±0.02）mm	7	每超 0.01 mm 扣 2 分		
	Ra1.6 μm	2	降级不得分		
	ϕ（20 ±0.02）mm	7	每超 0.01 mm 扣 2 分		
	Ra1.6 μm	2	降级不得分		
	ϕ（20 ±0.03）mm	7	每超 0.01 mm 扣 2 分		
	Ra3.2 μm	2	降级不得分		
	ϕ（16 ±0.02）mm	7	每超 0.01 mm 扣 2 分		
	Ra1.6 μm	2	降级不得分		
	ϕ（12 ±0.03）mm	7	每超 0.01 mm 扣 2 分		
	Ra3.2 μm	2	降级不得分		
长度	（82 ±0.08）mm	5	每超 0.01 mm 扣 2 分		
	（13 ±0.05）mm	5	每超 0.01 mm 扣 2 分		
螺纹	M18	7	不合格不得分		
	Ra3.2 μm	4	降级不得分		
倒角	倒角 C1 mm、C2 mm、C3 mm（共 3 处）	3	不合格不得分		
球面	$S\phi$（28 ±0.03）mm	3	每超 0.01 mm 扣 2 分		
	Ra3.2 μm	2	降级不得分		
锥面	11°锥面	4	超差不得分		
	Ra3.2 μm	2	降级不得分		
规范操作	开机前检查，开机；工件装夹与对刀；程序输入与校验	12	每错一处步骤扣 4 分		
安全文明生产	安全操作及机床保养	8	违反规定不得分		
总　分		100			

2. 车削图 19—2 所示零件，毛坯尺寸为 ϕ45 mm × 110 mm。制订加工工艺，填入表 19—3。加工后检测零件，将测量结果填入表 19—4。

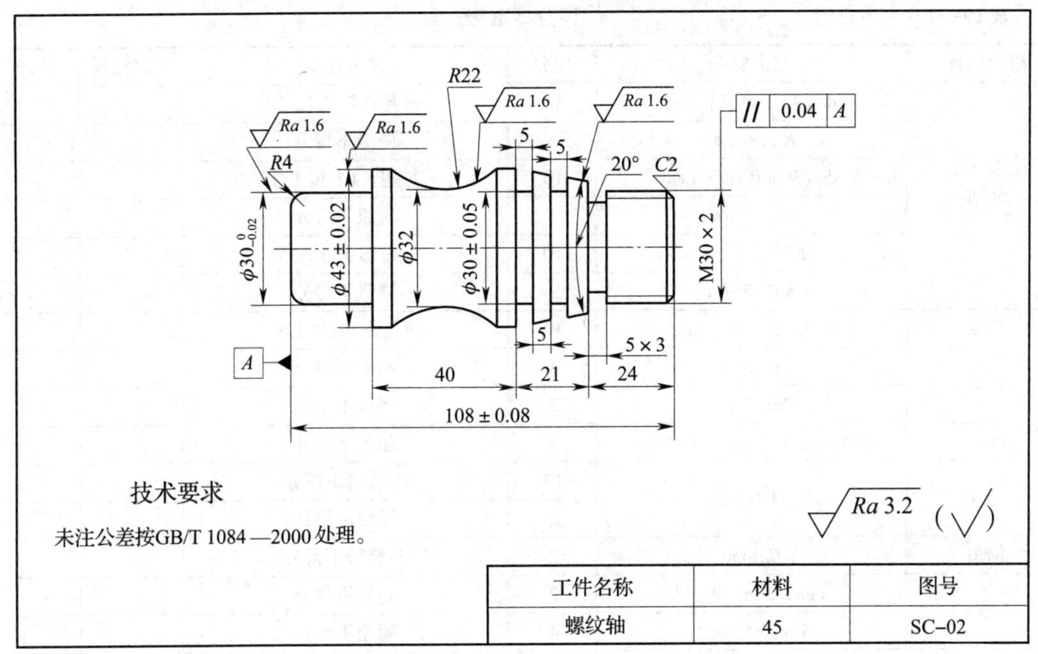

工件名称	材料	图号
螺纹轴	45	SC–02

图 19—2

表 19—3 工艺过程表

序号	工艺步骤	车刀类型	主轴转速 n (r/min)	进给速度 v_f (mm/min)	背吃刀量 a_p (mm)

表 19—4　　　　　　　　　　　　　　评分标准表

检测项目	技术要求	配分	评分标准	检测记录	得分
外圆	ϕ（43 ±0.02）mm	10	每超 0.01 扣 2 分		
	*Ra*1.6 μm	2	降级不得分		
	ϕ（30 ±0.05）mm	10	每超 0.01 扣 2 分		
	*Ra*3.2 μm	2	降级不得分		
	$\phi 30_{-0.02}^{0}$ mm	10	每超 0.01 扣 2 分		
	*Ra*1.6 μm	2	降级不得分		
长度	（108 ±0.08）mm	10	每超 0.01 扣 2 分		
锥面	20°锥面	4	超差不得分		
	*Ra*1.6 μm	2	降级不得分		
圆弧	*R*4 mm、*R*22 mm（共 2 处）	4	超差不得分		
螺纹	M30 ×2	12	不合格不得分		
		2	降级不得分		
倒角	*C*2 mm	2	不合格不得分		
槽	5 mm ×3 mm 退刀槽	2	超差不得分		
	5 mm（2 处）	4	超差不得分		
规范操作	开机前检查，开机；工件装夹与对刀；程序输入与校验	12	每错一处步骤扣 4 分		
安全文明生产	安全操作及机床保养	10	违反规定不得分		
总　分		100			

3．车削图 19—3 所示零件，毛坯尺寸为 ϕ50 mm ×85 mm。制订加工工艺，填入表 19—5。加工后检测零件，将测量结果填入表 19—6。

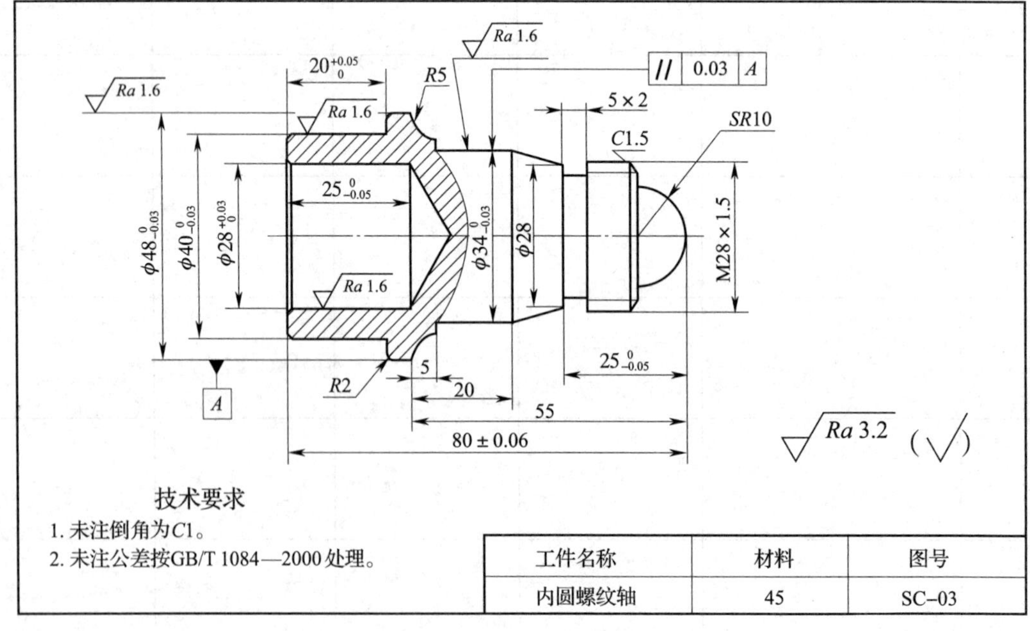

图 19—3

表 19—5　　工艺过程表

序号	工艺步骤	车刀类型	主轴转速 n (r/min)	进给速度 v_f (mm/min)	背吃刀量 a_p (mm)

表 19—6　　评分标准表

检测项目	技术要求	配分	评分标准	检测记录	得分
外圆	$\phi 48_{-0.03}^{0}$ mm	10	每超 0.01 扣 2 分		
	$Ra1.6$ μm	2	降级不得分		
	$\phi 40_{-0.03}^{0}$ mm	8	每超 0.01 扣 2 分		
	$Ra1.6$ μm	2	降级不得分		
	$\phi 34_{-0.03}^{0}$ mm	8	每超 0.01 扣 2 分		
	$Ra1.6$ μm	2	降级不得分		
	$\phi 28_{0}^{+0.03}$ mm	8	每超 0.01 扣 2 分		
	$Ra1.6$ μm	2	降级不得分		
长度	(80 ±0.06) mm	6	每超 0.01 扣 2 分		
	$25_{-0.05}^{0}$ mm（2 处）	6	每超 0.01 扣 2 分		
	$20_{0}^{+0.05}$	6	每超 0.01 扣 2 分		
螺纹	M28 ×1.5	10	不合格不得分		
	$Ra3.2$ μm	2	降级不得分		

续表

检测项目	技术要求	配分	评分标准	检测记录	得分
倒角	*C*1 mm、*C*1.5 mm（共2处）	2	超差不得分		
圆弧	*R*5 mm、*SR*10 mm（共2处）	4	超差不得分		
退刀槽	5 mm×2 mm	2	超差不得分		
规范操作	开机前检查，开机；工件装夹与对刀；程序输入与校验	12	每错一处步骤扣4分		
安全文明生产	安全操作及机床保养	8	违反规定不得分		
总　　分		100			